T0224960

Mechthild Regenass-Klotz

Grundzüge
der Gentechnik

Theorie und Praxis

3., erweiterte und überarbeitete Auflage

Birkhäuser Verlag
Basel · Boston · Berlin

Autorin:
Dr. Mechthild Regenass-Klotz
Mühlerain 14
CH-4107 Ettingen

Bildnachweis und Copyrightvermerk
© 1998 Markus Senn, Fotograf, Bern, für folgende Abbildungen: Abb. 6c, 10b, 24a, 32b, 44, 45; © 1998 Prof. H. Hengartner, Universität Zürich, für folgende Abbildungen, die freundlicherweise zur Verfügung gestellt wurden: Abb. 22, 36; © 1998 Dr. P. K. Burkhardt, ETH Zürich, für folgende Abbildung, die freundlicherweise zur Verfügung gestellt wurde: Abb. 41b © 1998 Interpharma für folgende Abbildungen, die dem Arbeitsordner für Gentechnik «Prinzip und Anwendung» mit freundlicher Genehmigung von der Interpharma entnommen wurden: Abb. 6b, 19, 20, 21, 26, 31, 32a, 39, 41a; © 1998 Novartis, Basel, für folgende Abbildung, die freundlicherweise zur Verfügung gestellt wurde: Abb. 42; © 1998 Monsanto, St. Louis, MO, USA (vertreten in der Schweiz durch die P. Bütikofer AG, Zürich, Frau Eggenberger) für folgende Abbildung, die freundlicherweise zur Verfügung gestellt wurde: Abb. 43.
Die Vorlagen zu den Abbildungen 15 und 24a wurden freundlicherweise von Dr. P. Fürst und PD Dr. J Heim, Novartis, Basel, Schweiz, zur Verfügung gestellt. Die Vorlagen für die Abbildung 45 wurde freundlicherweise von der Firma Novo Nordisk, Dittingen, Schweiz bereitgestellt.

Bibliografische Information der Deutschen Bibliothek
Die Deutsche Bibliothek verzeichnet diese Publikation in der Deutschen Nationalbibliografie; detaillierte bibliografische Daten sind im Internet über http://dnb.ddb.de abrufbar.

© 2005 Birkhäuser Verlag AG, Postfach 133, CH-4010 Basel, Schweiz
Ein Unternehmen von Springer Science+Business Media
Buch- und Umschlaggestaltung: Micha Lotrovsky, Therwil, Schweiz
Gedruckt auf säurefreiem Papier, hergestellt aus chlorfrei gebleichtem Zellstoff. TCF ∞
Printed in Germany
ISBN 10: 3-7643-2421-X
ISBN 13: 978-3-7643-2421-6

9 8 7 6 5 4 3 2 1   www.birkhauser.ch

Inhaltsverzeichnis

2

3

Danksagung

Ein Buch schreibt man nie allein, auch wenn man als Einzelautor aufgeführt wird. Viele waren direkt oder indirekt mit am Gelingen dieses Buches beteiligt.

Ein herzliches Dankeschön möchte ich zuerst Walter Doerfler von der Universitat Köln, Hans Hengartner von der Universität Zürich und Peter Burkhardt von der ETH Zürich ausssprechen. Sie haben die Aufgabe übernommen, das Manuskript zu lesen, und mir wertvolle Anregungen zu diesem Buch gegeben.

Danken möchte ich Heinz Kaufmann, seine Bücher über die organische und anorganische Chemie waren für mich schon in meiner Studienzeit vorbildlich.

Die Zusammenarbeit mit dem Graphiker Micha Lotrovsky sowie dem Fotografen Markus Senn war für mich eine positive, wichtige Erfahrung, die ihren Niederschlag in der Gesamtgestaltung des Buches gefunden hat.

Es sind viele, die mir stets, wenn ich Fragen hatte, mit all ihrem Wissen und Unterlagen weiterhalfen. Ihnen sei hier sehr herzlich gedankt.

Besonderer Dank gilt der grosszügigen Unterstützung des Schwerpunktprogramms Biotechnologie des Schweizerischen Nationalfonds zur Förderung wissenschaftlicher Forschung. Es war mit ein Beitrag dafür, dass dieses Buch graphisch und photographisch so reichhaltig ausgestattet werden konnte.

Last, but not least: Das Zusammenwirken mit der Wissenschaftslektorin Petra Gerlach vom Birkhäuser Verlag war von gegenseitigem Verständnis, Vertrauen und Respekt geprägt. Sehr herzlichen Dank.

Mechthild Regenass-Klotz
Ettingen, im Winter 1997/98

Vorwort zur 3., erweiterten und überarbeiteten Auflage

Es freut mich, dass das Buch „Grundzüge der Gentechnik – Theorie und Praxis" dank dem Leserzuspruch nun in die dritte Auflage geht. In den letzten Jahren sind auf dem Gebiet der Gentechnik in Theorie und Anwendung rasante Entwicklungen abgelaufen. Mit den Themen Stammzellen, systemische Biologie, der Sequenzierung verschiedener Genome sowie der «Eleganten Züchtung», also dem «Smart Breeding», ist eine Auswahl getroffen worden, die mir am interessantesten scheint und die es gestattet, den Umfang des Buches im bekannten Rahmen zu halten.

Die Überarbeitung und Erweiterung des Buches ist, wie schon bei den beiden ersten Auflagen, durch vielfältige Unterstützung zustande gekommen. Frau Gabriele Poppen und Herrn Dr. Detlef Klüber vom Birkhäuser Verlag, Basel, danke ich für ihren Einsatz und die professionelle Hilfe bei der Erstellung. Ganz besonders danken möchte ich meinem Mann, der durch seine Bereitschaft zu vielen Diskussionen einen grossen Beitrag zu dieser dritten Auflage geleistet hat.

Mechthild Regenass-Klotz
Ettingen, im Herbst 2004

Vorwort zur 2., erweiterten und überarbeiteten Auflage

Das grosse Interesse an diesem Buch führte dazu, dass bereits nach eineinhalb Jahren die erste Auflage ausverkauft und eine zweite Auflage notwendig wurde. In der vorliegenden Auflage wurden neue wissenschaftlich-medizinisch relevanten Gebiete wie Klonen von Tieren und Xenotransplantation aufgenommen.

Mein Dank gilt allen Freunden und Kollegen, die mir auch in dieser Ausgabe wieder mit ihrem Wissen zur Seite standen. Herrn Dr. C. Puhlmann vom Birkhäuser Verlag, Basel, danke ich für sein grosses Engagement und seine kompetente Koordination für diese Auflage.

Mechthild Regenass-Klotz
Ettingen, im Winter 1999/2000

Vorwort zur 1. Auflage

«Es freut mich, Sie so munter und voller Energie zu sehen.» Das waren die Worte Walter Doerflers, Ordinarius für Genetik am genetischen Institut der Universität zu Köln. Fast 20 Jahre waren vergangen, seit ich dort promoviert hatte und er als mein Erstgutachter und Prüfer, als Mentor und Lehrer massgeblich an meinem wissenschaftlichen Werdegang beteiligt war. Die Gelegenheit, bei der wir uns wiedersahen, war das jährliche Frühjahrsmeeting in Köln, ausgerichtet von dem Institut für Genetik und seit Jahren ein Tummelplatz der ersten Garnitur der Wissenschaftler der molekularen Biologie.

Meine Studienzeit ist für mich ein kostbarer Stein in meiner Lebenssammlung. Begonnen im Sommer 1969, als die Zeit des grossen politischen Umbruchs in Deutschland war, aber auch die Zeit der Wissensexplosion in der Biologie, der Aufbruch von der klassischen Biologie zu neuen Ufern – der Molekularbiologie. Ich war fasziniert von den neuen Erkenntnissen. Biochemie, Proteinchemie, physikalische Chemie standen sozusagen im Dienst der evolvierenden Molekularbiologie. Die damaligen Professoren, die uns diese Fächer vermittelten und uns Studenten den Kontext zur Lehre des Lebens, nichts anderes heisst nämlich Biologie, schufen, besassen neben ihrem fundierten Wissen auch noch die Gabe, uns das Fach durch bestechende Vorlesungen nahezubringen. Geist, Witz gepaart mit Wissen – wer von uns hätte damals eine Vorlesung ausgelassen!

Die postdoktoralen Jahre der wissenschaftlichen Tätigkeit verbrachte ich im Biozentrum Basel und im Jackson Laboratory in Bar Harbor, Maine, USA. Beide Orte boten Anregungen, Bar Harbor allerdings war, wie auch Köln, ein Ort des Besonderen, sowohl in der Forschung wie auch im Leben.

Wie ich nach Hausfrau- und Mutter-Dasein in die Welt der Wissenschaft zurückkehrte, allerdings diesmal in der schreibenden Zunft, fielen mir die vielen Vorlesungen und Seminare, Praktika und Übungen ein, in denen wir uns damals unser Wissen und die Art der Repräsentation dieses Wissens aneignen konnten.

Als der Birkhäuser Verlag mir das Angebot für dieses Buch unterbreitete, war ein Arbeitsordner über Gentechnik bereits an den Gymnasien der Schweiz als Unterrichtsmaterial etabliert. Die Arbeit an diesem Ordner, aber auch das vorliegende Buch wären ohne meine Ausbildung in Köln nicht denkbar. In dankbarer Erinnerung an die unvergessliche Studienzeit und alles, was ich dort lernen konnte, möchte ich dieses Buch

Walter Doerfler
Bernd Gutte
Dietrich Woermann
Lothar Jänicke
Benno Müller-Hill
sowie meinen Eltern, Hans und Anneliese Klotz

zueignen.

Mechthild Regenass-Klotz
Ettingen, im Winter 1997/98

9

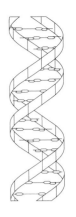

Einleitung

«Zwar weiss ich viel, doch möcht' ich alles wissen...»
...«da steh ich nun, ich armer Tor und bin so klug als wie zuvor...»
Zitate aus Goethes Faust, Teil I

Jeder von uns wird die Gefühle, die Goethe in seinem Faust ausdrückt, einmal selber durchgelebt haben. Wer hätte sich nicht die Frage, woher wir kommen und wohin wir gehen, schon einmal in seinem Leben gestellt. Wer hat nicht irgendwann einmal das Gefühl gehabt, fast alles zu wissen, um dann wieder abzustürzen in den Zustand, wo man eigentlich begonnen hat.

Jedesmal, wenn wir glauben, den endgültigen Raum allen Wissens zu betreten, erkennen wir, dass dieser Raum wiederum mindestens eine Türe hat, die weiterführt – das Endstadium unseres Wissen ist wieder nicht erreicht. Und, fast wie ein Hohn auf unsere schnelllebige Zeit, scheinen sich neue Fragen in immer rascherer Folge aufzuwerfen, ganz unserem Lebenstempo angepasst. Selbst wenn wir glauben, den Gipfel einer Pyramide errreicht zu haben, erscheinen nach kurzer Zeit neue Stufen, die uns zeigen, dass wir stets neu dazulernen müssen.

Ein Thema unserer Tage ist die Gentechnik, ein Untergebiet der Molekularbiologie.

Viele Fragen sind offen, viele Themen sind halb- oder sogar ganz unklar. Viele sind erschreckt über dieses Thema, weil nicht genügend Klarheit herrscht. Einfache Klarheit. Es ist das Ziel dieses Buches, dem Leser einfache Klarheit zu vermitteln, ohne dass er erst noch selber ein Studium der Molekularbiologie hinter sich bringen muss. Gentechnik umfasst eine breite Palette von Methoden, die es erlauben, das genetische Material gezielt zu bearbeiten und von verschiedenen Organismen neu zu kombinieren. Die Neukombinationen kommen in dieser Form zum Teil in natürlichen Organismen nicht vor.

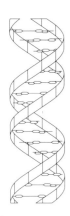

Die Diskussion um die Gentechnik ist ein ernsthaftes Thema, und ebenso ernsthaft ist dieser Wissenschaftszweig. Eine fundierte Diskussion darüber zu führen bedeutet auch, sich mit der Materie auseinanderzusetzen. Dazu gehören auch chemische Formeln und biologische Gesetze und Dogmen. Wenn Sie Angst vor chemischen Formeln haben: die kann ich Ihnen nicht nehmen. Aber ich habe mich bemüht, den Stoff der Theorie so ansprechend wie möglich zu gestalten, um Ihnen das Studium des Buches zu erleichtern. Manche Seiten werden Sie rasch lesen und begreifen können, manche Seiten werden von Ihnen eine grössere Aufmerksamkeit erfordern.

Da aber die Theorie bekanntermassen etwas grau erscheint, beinhaltet die zweite Hälfte des Buches in einer Auswahl die Darstellung der direkten Anwendung der Gentechnik: ich habe versucht, die Praxis zu den theoretischen Grundzügen im ersten Teil in Bezug zu stellen, damit Sie sehen, wie die Theorie seit Jahren bereits praktische Umsetzung erfahren hat.

Um etwas Klarheit zu schaffen, muss man mit den elementaren Bausteinen anfangen, so wie man bei einem Hausbau zuerst das Fundament baut, bevor man die Mauern hochzieht.

Wir wissen, dass alle Lebewesen einen gemeinsamen Stammbaum aus den Urzeiten unserer Erdgeschichte besitzen. Die chemische Substanz, die alle Lebewesen dazu befähigt, sich zu vermehren und vererbbare Information weiterzugeben, heisst Desoxyribonukleinsäure, abgekürzt: DNS. Die englische Schreibweise ist DNA. Um gut zu verstehen, warum ein chemisches Molekül dazu in der Lage ist, als Informationsträger zu dienen, müssen wir uns zu Beginn ein wenig mit der chemischen Struktur der DNA auseinandersetzen.

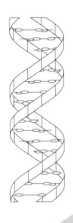

Theorie

I Desoxyribonukleinsäure (DNA) – Faden des Lebens

I.1 Chemische Struktur der DNA

Die Bausteine der DNA sind die Nukleotide. Nukleotide setzen sich aus drei Teilen zusammen: einer Stickstoffbase, einem Zucker und einer Phosphatgruppe. In der DNA finden wir üblicherweise vier verschiedene Stickstoffbasen: Adenin (A), Guanin (G), Cytosin (C) und Thymin (T). A und G gehören zu der Klasse der Purine, C und T sind der Klasse der Pyrimidine zugehörig (s. Abb. 1).

Die Purine, also A und G, sind strukturell aus einem sogenannten Fünferring und einem Sechserring zusammengesetzt, während die Pyrimidin-Stickstoffbasen C und T aus lediglich einem Sechserring sind.

Jede Stickstoffbase ist über eine kovalente Bindung an den Zucker, die Desoxyribose, gebunden. Diese Art der Bindung soll den Leser nicht verwirren, es bedeutet nichts anderes, als dass diese Art der Bindung nur enzymatisch, das heisst, durch ein besonderes Enzym, und nicht durch blosses Erhitzen oder mechanisches Zerbrechen, aufgespalten werden kann.

Das Phosphat wiederum ist ebenso kovalent, nämlich über eine sogenannte Ester-Bindung mit dem Zucker verbunden (s. Abb. 2).

Der Zucker allein heisst Desoxyribose, die Verbindung von Zucker und einer Base ist das Nukleosid, spezifischer, wenn die Base z.B. Adenin ist, Desoxyadenosin. Sobald die Phosphatgruppe gebunden ist, wird das Ganze zum Nukleotid, oder mit dem Adenin-Beispiel zum

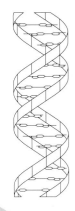

14

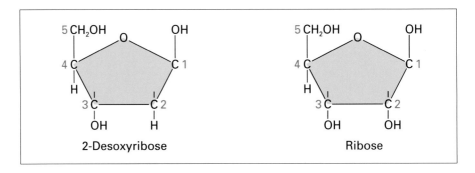

Adenin

Guanin

Thymin

Cytosin

Abb. 1   Stickstoffbasen der DNA

Die Stickstoffbasen sind unterteilt in Purine und Pyrimidine. Zu den Purinen gehören Adenin und Guanin. Zu den Pyrimidinen gehören Thymin und Cytosin. Diese vier Basen sind in den Nukleotiden vorhanden, und an den Zucker über dessen Kohlenstoff C1-Atom gebunden (vgl. Abb. 3, 6a). (Schematische Darstellung)

2-Desoxyribose

Ribose

Abb. 2   Der Zucker in der DNA

Die 2-Desoxyribose ist das Zuckermolekül, das in der DNA vorhanden ist. Ribose hingegen ist der Zucker der RNA.

Die Kohlenstoffatome, oder auch C-Atome, sind im Uhrzeigersinn numeriert. Da in der Desoxyribose das C-Atom Nummer 2 keinen Hydroxylrest trägt, wird dieser Zucker chemisch als Desoxyribose bezeichnet.

An das C-Atom 1 bindet im Grundbaustein der DNA, dem Nukleotid, die Stickstoffbase, am C-Atom 3 bzw. 5 werden die Phosphatgruppen gebunden. (Schematische Darstellung)

Desoxyadenosin-monophosphat. Monophosphat deshalb, weil im Nukleotid nur eine Phosphatgruppe vorhanden ist.

Ein Nukleotid sieht also folgendermassen aus (s. Abb. 3).

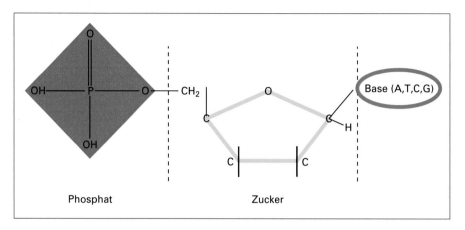

Phosphat   Zucker

Abb. 3   Grundbaustein Nukleotid
Das Nukleotid bildet den Grundbaustein des Fadens des Lebens, der DNA.
Hier zeigen wir die einzelnen Komponenten des Nukleotids: die Phosphatgruppe (rot), der Zucker (Desoxyribose, gelb) und die Stickstoffbase (grün). Während Zucker und Phosphat stest gleichbleiben und für das sogenannte «Rückgrat» der DNA verantwortlich sind, können an der Position der Base je eine der vier verschiedenen Basen Adenin, Thymin, Guanin und Cytosin in einem Nukleotid eingebaut sein. (Schematische Darstellung)

Wir sehen also, dass die Bausteine der DNA, die Nukleotide, aus verschiedenen Teilen (Phosphat, Zucker, Stickstoffbase) aufgebaut sind, und dass diese kovalent miteinander verbunden sind.

Hängen wir nun mehrere Nukleotide aneinander, so sprechen wir von einem Oligonukleotid. Und zwar bindet ein Nukleotid kettenmässig an ein anderes, ebenfalls kovalent, und zwar über eine Phosphatbrücke, die zwischen dem sogenannten 5' C-Atom der Desoxyribose, also des Zuckers des vorangehenden Nukleotids mit dem 3' C-Atom des Zuckers des folgenden Nukleotids, ausgebildet wird. Man nennt die Zucker-Phosphat-Kette in der Biologie auch das «Rückgrat» der DNA (s. Abb. 4).

Nun haben wir zwar die Kettenform des DNA-Moleküls, aber noch nicht die doppelsträngige Form, in der die DNA üblicherweise in den Zellen vorliegt. Hier nun kommt das eigentliche Staunen über die Genialität in der Natur. Schauen wir uns an, wie die einzelnen Nukleotide in einem Doppelstrang angeordnet sind. Denn hier liegt der Schlüssel des Lebens: in idealer Passform legen sich die Ringstrukturen

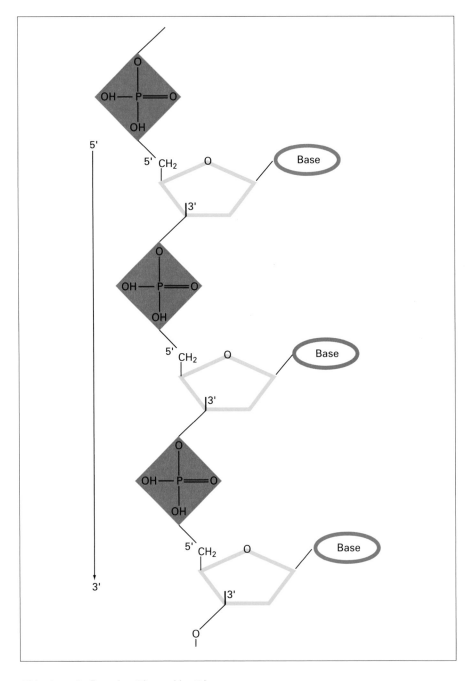

Abb. 4   Aufbau des Oligonukleotids
Hier zeigen wir die Aneinanderkettung von einzelnen Nukleotiden zu einem Oligonukleotid. Das Oligonukleotid liegt noch im Einzelstrangstadium vor. Gut erkennbar ist von oben nach unten gelesen die 5' → 3' Richtung. (Schematische Darstellung)

der Purine und Pyrimidine ineinander. Stets paart sich ein Purin mit einem Pyrimidin! Nie erfolgt eine Paarung gleichartiger Stickstoffbasen!

Diese feste Zuordnung bezeichnen wir als komplementäre Basenpaarung. A ist komplementär zu T und C ist komplementär zu G.

Die beiden DNA-Einzelstränge sind gegenläufig angeordnet. Wandern wir an der Zucker-Phosphat-Kette in der sogenannten 5'-3'-Richtung entlang, stossen wir immer von der Phosphatgruppe auf das 5. Kohlenstoffatom des folgenden Zuckers. Liest man aber in der sogenannten 3'-5'-Richtung, so wird man von der Phosphatgruppe stets auf das 3. Kohlenstoffatom des Zuckers treffen. Dies gibt den Strängen eine Polarität nämlich 5' → 3' oder 3' → 5'. Die Anordnung der DNA Stränge in entgegengesetzter Polarität nennt man antiparallel. Dies ist wichtig zu wissen, denn die Enzyme, die mit den Vorgängen an der DNA zu tun haben, funktionieren, wie wir untenstehend noch sehen werden, nur in ganz bestimmter Polaritätsrichtung.

Die entscheidende Erkenntnis zu der Tatsache, dass sich stets Purin mit Pyrimidin paart, erarbeitete E. Chargaff in den frühen 50er Jahren. Er untersuchte eine grosse Anzahl von verschiedenen Organismen in Bezug auf die Basenzusammensetzung der DNA und fand immer wieder, dass in jeder DNA der Gehalt von Adenin (einem Purin) und Thymin (dem paarenden Pyrimidin) gleich war. Ebenso war der Gehalt von der Purinbase Guanin gleich mit der korrespondierenden Pyrimidinbase Cytosin. Also gilt: A=T und C=G. Zwischen den jeweiligen komplementären Basen bilden sich Bindungen, die Wasserstoffbrücken genannt werden. Zwischen A und T bilden sich zwei Wasserstoffbrücken, und zwischen G und C deren drei aus. Die Bindung zwischen G und C ist deshalb stabiler als die zwischen A und T, eine G-C reiche DNA wird also stabiler sein als eine A-T reiche DNA, und zwar stabiler in Bezug auf das Aufspalten des DNA-Doppelstranges in Einzelstränge.

Die Wasserstoffbrücken sind keine kovalenten Bindungen und können durch Hitze aufgespalten werden. Der Vorgang des Aufspaltens der doppelsträngigen DNA zu Einzelsträngen wird mit dem Fachwort Denaturierung umschrieben.

Die Paarung komplementärer Basen zueinander ist die Basenpaarung. Die lineare Abfolge hingegen der Basen auf dem DNA-Strang ist die Basensequenz. Zum Beispiel: TCGA… (s. Abb. 5).

Untenstehend sehen wir zuerst die planare Form eines DNA-Doppelstrangs, danebenstehend die dreidimensionale Struktur der Doppelhelix. Dieser Name stammt von den Aufklärern der DNA-Struktur, J. Watson und F. Crick, die mit dem Wort Doppelhelix perfekt die inein-

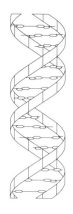

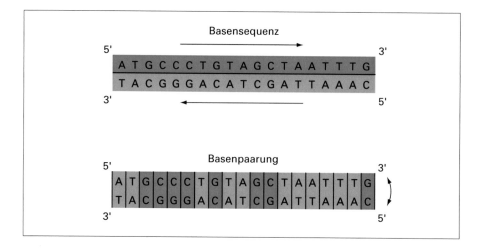

18

Abb. 5   Basensequenz und Basenpaarung
Die Basensequenz wird als die fortlaufende Reihenfolge der Basen auf einem DNA-Strang
in der 5'→3' Richtung bezeichnet.
Die Basenpaarung hingegen ist die als komplementär bezeichnete Paarung gegenüberste-
hender Basen in einem DNA-Doppelstrang, wobei sich immer ein Purin mit einem Pyrimidin paart. Wir finden also nur die Paarungen von A-T und C-G, niemals aber die Paarungen von T mit G oder A mit G (vgl. Abb. 6a).

andergewundene Struktur einer Schnecke oder, bildhaft vielleicht einfacher zu verstehen, einer Wendeltreppe beschrieben haben. An der
Aufklärung der DNA-Struktur war auch noch R. Franklin durch ihre
Röntgenkristallographien der DNA in wichtigem Mass beteiligt (s. Abb.
6a, b, c).

Der Aufbau und die dreidimensionale Struktur der DNA ist bei allen
uns bekannten und untersuchten Lebewesen identisch. Egal, ob wir
uns mit den einzelligen Organismen ohne Zellkern (Prokaryonten),
also Blaualgen und Bakterien, befassen oder ob wir die verschiedenen
Vertreter der höheren Organismen mit einem Zellkern (Eukaryonten),
in dem die DNA beinhaltet ist, anschauen: das Prinzip des Fadens des
Lebens ist identisch. Während die DNA bei den Prokaryonten frei im
Zellinneren vorliegt, wird die DNA-Doppelstrangstruktur bei den Eukaryonten, und damit auch beim Menschen, noch weiter organisiert, und
zwar erst zum sogenannten Supercoil. In dieser Form ist die DNA in
Chromosomen, wo sie einen strukturellen Komplex mit Proteinen bil-
det, aufgeteilt. Die Gesamtheit des genetischen Materials ist das
Genom.

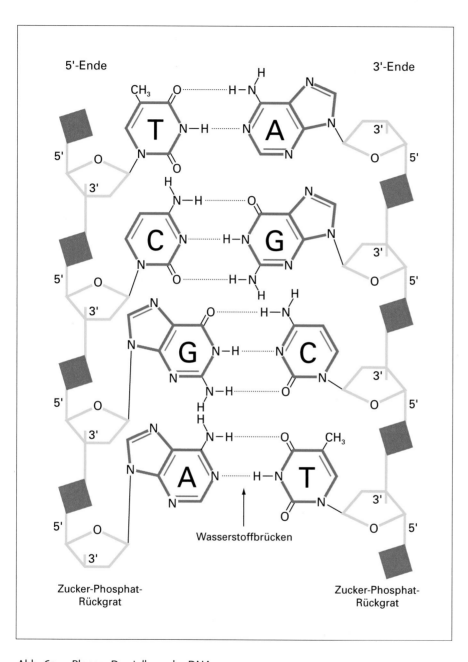

Abb. 6a   Planare Darstellung der DNA
Hier ist die Basenpaarung der jeweiligen komplementären Basen, A-T und C-G mit den Wasserstoffbrücken zu erkennen. Zwischen den komplementären Basen A und T werden stets zwei, zwischen G und C drei Wasserstoffbrücken ausgebildet.
Die Basen stehen einander zugewandt, während das Zucker- und Phosphat-Rückgrat an der Aussenseite die DNA stabilisiert. (Schematische Darstellung)

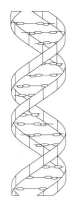

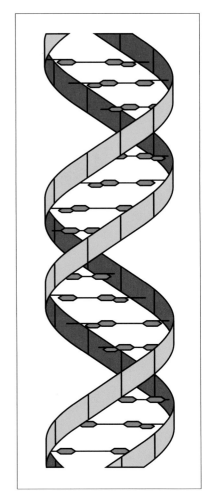

Abb. 6b Räumliche Darstellung der DNA
In der räumlichen Darstellung ist die Struktur zu erkennen: Die umeinandergewundenen DNA-Stränge heissen Doppelhelix. (Schematische Darstellung)

I.2 Replikation – Verdoppelung der DNA

Doppelstrang-DNA → Doppelstrang-DNA

Wir müssen uns nun vorstellen, die DNA in der Tat als den Faden des Lebens zu betrachten. Und der ist nicht unbeweglich. Immerhin muss sich eine DNA, im Bakterium wie auch im höheren Organismus, vervielfältigen, um Zellteilung und damit Leben zu gewährleisten. Die Vervielfältigung nennt man wissenschaftlich Replikation. Und zwar beinhaltet dies die identische Vervielfältigung oder kürzer ausgedrückt: Kopie.

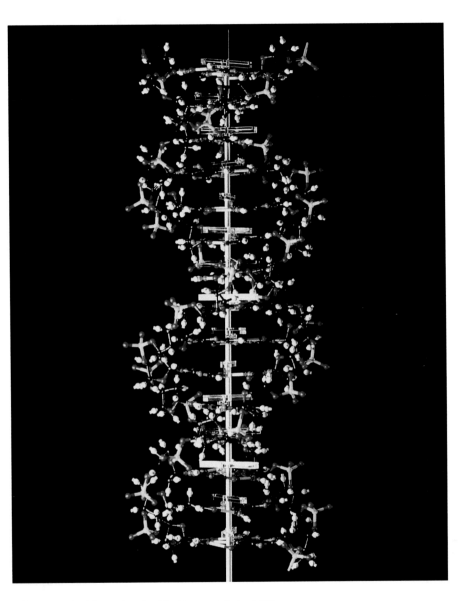

Abb. 6c   Dreidimensionales Strukturmodell der DNA

Die gewaltige Leistung eines solchen Kopiervorganges wird uns deutlich, wenn wir uns vergegenwärtigen, dass auf den zwei Metern DNA pro Zelle beim Menschen rund drei Milliarden Basenpaare (A-T, C-G) aneinandergereiht sind. Niedergeschrieben als Text könnte man mit dieser Information eine Bibliothek mit 3000 Büchern zu 1000 Seiten

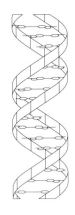

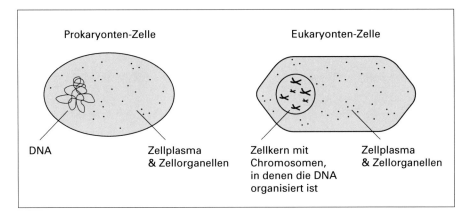

Abb. 7   Zellen von Prokaryonten und Eukaryonten
Ein vereinfachtes Schema zur Darstellung von einer Prokaryonten- und Eukaryontenzelle:
Während die DNA in einer Prokaryontenzelle frei im Zellplasma neben den Zellorganellen
vorliegt, ist die DNA in Eukaryonten von einem Zellkern umhüllt und so deutlich vom Zellplasma und den übrigen Zellorganellen getrennt.

mit je 1000 Buchstaben füllen. Eine menschliche Zelle hat einen
Durchmesser, der um mehr als das 100 000fache kleiner ist als die
Gesamtlänge der DNA pro Zelle. Daher ist eine verdichtete Organi-
sation der DNA in Chromosomen unerlässlich.

Die DNA-Replikation sorgt in der Zelle für eine identische Verdopplung der genetischen Information, die zur Weitergabe an die näch-
ste Zellgeneration bestimmt ist, und zwar ungeachtet, ob es sich um
eine Bakterienzelle, also einen Prokaryonten, oder um eine Zelle eines
Eukaryonten handelt. Allerdings müssen wir berücksichtigen, dass bei
den Prokaryonten die DNA frei im Zellinneren vorliegt, da Prokaryonten keinen Zellkern haben. Bei den Eukaryonten hingegen ist die DNA
im Zellkern in Form von den Chromosomen organisiert (s. Abb. 7, 8).
So findet denn die Replikation bei den Prokaryonten im Zellplasma, bei
den Eukaryonten im Zellkern statt. Die Prinzipien der DNA-Replikation
sind aber in beiden Zelltypen im wesentlichen gleich.

Die Natur hat die komplexen Vorgänge bei einer Replikation der
DNA im Lauf der Millionen Jahre alten Evolution einfach, elegant und
effizient gelöst und ein kaum fassbares System genauester Reaktions-
abläufe und deren Kontrolle ausgebildet.

Wenn nun die Replikation, also die identische Verdopplung der
DNA stattfinden soll, muss die DNA im Einzelstrang-Stadium vorliegen.
Das bedeutet, dass sowohl die Chromosomen-Strukturen wie auch der

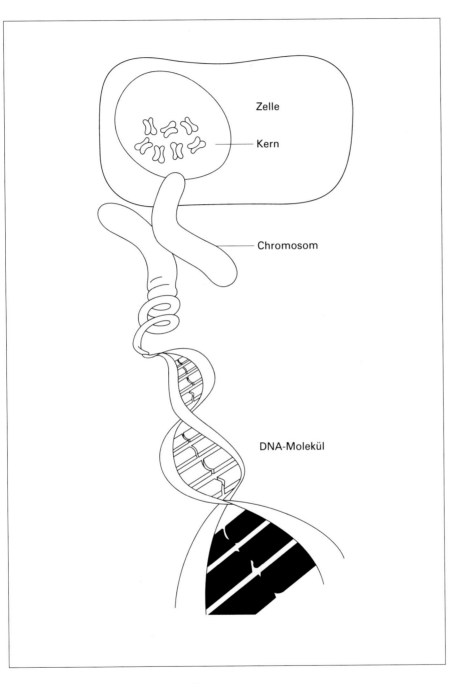

Abb. 8   Organisation der DNA in Chromosomen
Bei der grossen DNA-Menge im Verhältnis zur Zellgrösse ist es bei den Eukaryonten notwendig, dass die DNA in organisierten Untereinheiten, den Chromosomen, im Zellkern vorliegt.

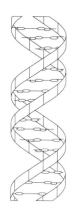

Doppelstrang aufgelöst werden müssen. Für diesen Prozess stehen spezielle Enzyme, also Arbeitsproteine bereit: Das Auflösen der komplexen Chromosomenstruktur bewirken die sogenannten Entwindungsproteine (Topoisomerasen), danach sorgt das Enzym Helikase dafür, dass die zu replizierende DNA als Einzelstrang vorliegt. Wird der DNA-Doppelstrang punktuell an bestimmten Stellen zum Einzelstrang geöffnet und dort verdoppelt, so nennen wir diese Stelle mit dem wissenschaftlichen Ausdruck eine Replikationsgabel.

Bei uns Menschen beginnt an ca. 25 000 Stellen der DNA, also ungefähr alle 100 000 Basenpaare, gleichzeitig die Replikation. Diese Stellen bezeichnet man als die Ursprungspunkte der Replikation oder mit dem englischen Fachwort origins of replication. Von diesen Ursprungspunkten ausgehend wird die gesamte DNA beider Einzelstränge während des Replikationsvorganges kopiert. Der elterliche Doppelstrang wird aufgespalten, und an jedem Einzelstrang wird ein Tochterstrang neusynthetisiert. So entstehen DNA-Nachkommen-Doppelstränge, die jeweils einen elterlichen und einen neuen DNA-Strang enthalten. Diesen Vorgang nennt man wegen der Konservierung jeweils eines Elternstranges eine semikonservative Replikation (s. Abb. 9).

Die Enzyme, die an der Replikation beteiligt sind, nennt man in der Gesamtheit DNA-Polymerasen. Sie liegen in der Regel als Komplex aus mehreren Proteinen vor, den man als Replisom bezeichnet.

Soll die DNA repliziert werden, so muss den Polymerasen ein Einzelstrang dargeboten werden. An dem Startpunkt der Replikation muss am DNA-Einzelstrang zusätzlich als Starthilfe für die Polymerasen ein kurzes RNA-Stück, genannt Primer, vorhanden sein. Diese RNA wird später wieder enzymatisch abgebaut. Der Enzymkomplex arbeitet stets in der Weise, dass er am sogenannten 3'-Ende der zu replizierenden DNA (also der Matritze) ansetzt, damit er folgerichtig in der 5'-3'-Richtung den neuen DNA-Strang synthetisiert, also neue Nukleotide ansetzt. Der Einzelstrang, der als Vorlage zur Synthese dient, heisst Matrizenstrang (engl. template). Er liefert die Vorlage für die zu erstellende Kopie. Durch die Komplementarität der Basen zueinander, also dass sich stets A mit T und G mit C paart, ist die Reihenfolge im neu synthetisierten Strang durch die Vorlage des Matrizenstranges gegeben. Jeder neue DNA-Strang ist komplementär zu seiner Matrize.

Da die DNA-Stränge der Doppelhelix antiparallel (ein Strang in 5' → 3'-, der komplementäre in 3' → 5'-Richtung) angeordnet sind, ist es für den Polymerasenkomplex nur bei einem Strang möglich, fortlaufend in der 5'-3'-Richtung zu synthetisieren. Die Replikation des

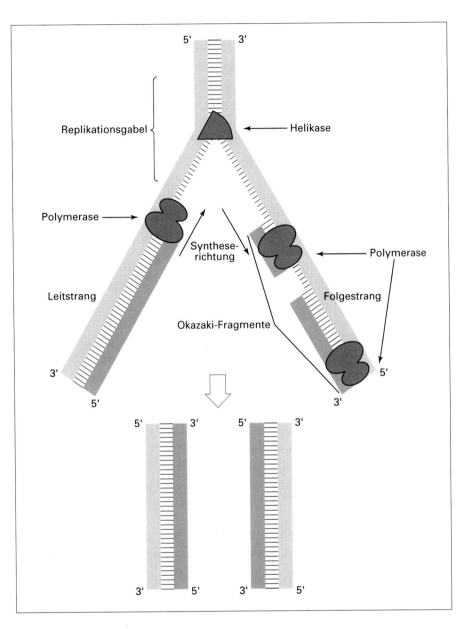

Abb. 9 Replikationsschema der DNA

Das Replikationsschema zeigt die Entwindung der Doppelstrang-DNA durch Helikasen (hellgrau/hellgrau) zu Einzelsträngen. Erst an den Einzelsträngen können die Enzyme für die DNA-Replikation, die DNA-Polymerasen, ihre Arbeit aufnehmen. Die entstandenen neuen DNA-Doppelstränge (hellgrau/dunkelgrau) zeigen das Prinzip der semikonservativen Replikation: Stets ist ein Elternstrang (hellgrau) mit einem neusynthetisierten Tochterstrang (dunkelgrau) gepaart. Die neuen DNA-Doppelstränge sind eine identische Kopie zu dem ursprünglichen DNA-Doppelstrang.

zweiten Stranges kann wegen der einseitigen Synthesefähigkeit der Polymerasen logischerweise nur in Fragmenten vonstattengehen. In der Ableserichtung 3'-5' und der Syntheserichtung 5'-3' werden DNA-Fragmente in der Grössenordnung von 1000 Nukleotiden am zweiten Strang, auch Folgestrang (engl.: lagging strand) gebildet. Diese Einzelfragmente werden später durch ein besonderes Enzym, die DNA-Ligase, zu einem kontinuierlichen Strang verknüpft. Die kurzen DNA-Fragmente werden nach ihrem Entdecker Okazaki-Fragmente genannt.

Nun sind im DNA-Strang als Bausteine die Nukleotide aneinandergeknüpft. Für den Fall der Base Adenin ist dies chemisch formuliert das Desoxyadenosinmonophosphat (dAMP). Der Enzymkomplex benutzt zur Synthese aber nicht das dAMP sondern einen Vorläufer, das Desoxyadenosintriphosphat (dATP). Von den drei Phosphatgruppen des dATP werden bei der Anknüpfung an das vorhergehende Nukleotid der DNA-Kette zwei Phosphatgruppen abgespalten, dadurch entsteht das dAMP, das dann als nächstes Nukleotid eingebaut ist. Selbstverständlich sind für die anderen Basen G,T und C die entsprechenden Vorläufer, nämlich dGTP, dTTP und dCTP nötig, die im Verlauf der Synthese als die entsprechenden Nukleotide eingebaut werden.

Die DNA-Polymerasen sind aber nicht nur die Syntheseproteine neuer DNA, sie kontrollieren auch die Präzision der Basenpaarungen. Diesen Vorgang der Replikationskontrolle nennt man das Korrekturlesen (engl.: proof reading). Bei einem Bakterium, zum Beispiel E. coli, liegt die Syntheserate bei 16 000 Nukleotiden pro Minute, das Korrekturlesen sorgt dafür, dass die Fehlerquote nur 1:1 Million Nukleotide beträgt.

I.3 Transkription – Überschreibung der DNA in mRNA, erster Schritt zur Entschlüsselung des genetischen Codes

Doppelstrang-DNA → Einzelstrang mRNA

Die DNA ist nicht die einzige Art von Nukleinsäure in einer Zelle. Es gibt noch eine andere Form, und zwar die RNA. Hier steht anstelle der Desoxyribose eine Ribose, und die Pyrimidinbase Thymin wird durch die Pyrimidinbase Uracil (U) ersetzt. Wir kennen drei unterschiedliche RNA-Arten:

1. die Transfer-RNA, abgekürzt t-RNA. Sie hat eine Länge von ca. 80–90 Nukleotiden und dient sowohl der Entschlüsselung des genetischen Codes als auch der Übertragung von Aminosäuren zu dem Proteinsyntheseort der Zelle, den Ribosomen;
2. die ribosomale RNA, abgekürzt rRNA. Sie ist in 4 Unterarten vorhanden und dient als Struktur- und Funktionselement in den Ribosomen, den Proteinsyntheseorten;
3. die messenger RNA oder abgekürzt die mRNA (Boten-RNA). Sie ist eine Abschrift der DNA-Information und bringt diese zu den Ribosomen für die Proteinsynthese.

(Einen Sonderfall bilden die Familien der RNA-Viren. Hier ist RNA anstelle von DNA der Träger der genetischen Information.)

Bei dem Vorgang der Transkription ist die mRNA für uns von Interesse.

Das Erbgut selbst, also die DNA, dient als Informationsträger. Die Information liegt auf der DNA in der Basensequenz in codierter Form vor. Wie aber wird der Informationsgehalt der DNA entschlüsselt?

Im Gegensatz zur Replikation, wo vollständige Kopien der DNA hergestellt werden, werden bei der Transkription nur gewisse Abschnitte der DNA in mRNA übersetzt. Ein bestimmter Abschnitt auf dieser DNA, der für eine definierte Information codiert, heisst Gen.

Diese Gene werden bei der Transkription (Überschreibung) abgelesen und in einen komplementären Einzelstrang von mRNA überschrieben. Die Transkription findet bei den Eukaryonten im Zellkern statt. Die zuerst einmal auf der DNA codierte Information ist nun auf die mRNA übertragen worden. Wie können wir uns eine codierte Nachricht auf der DNA bzw. mRNA vorstellen?

Wir wissen, dass die DNA aus Einzelbausteinen, den Nukleotiden, aufgebaut ist. Diese bestehen, wie wir wissen, aus der Desoxyribose, einer Phosphatgruppe und einer Stickstoffbase. Die jeweilige Base ist das wesentliche Element in der Codierung der Erbinformation. Denn die genetische Information ist in der spezifischen Abfolge der vier Basen enthalten. Diese Abfolge nennt man die Basensequenz. Sie ist die verschlüsselte Form (Code) der Bauanleitung für ein Genprodukt, in den meisten Fällen ein Protein. Jeweils drei Basen in Folge, ein Basentriplett (z.B. ACG) auf dem codierenden DNA-Einzelstrang beziehungsweise auf der mRNA bezeichnen wir als Codon. Der codierende DNA-Einzelstrang wird als codogener Strang (engl.: coding strand) bezeichnet. Es ist also so, dass die mRNA eine RNA-Kopie des codogenen DNA-

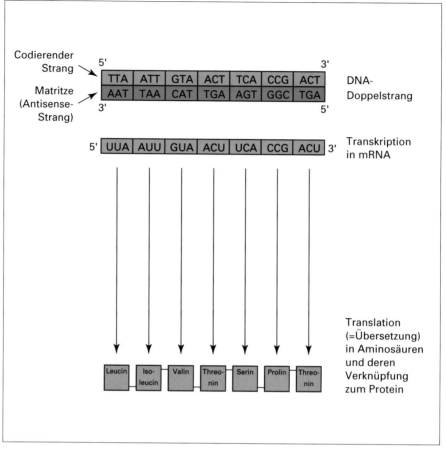

10a

Abb. 10a   Der genetische Code
Der genetische Code ist eines der Wunder der Biologie: Seine Universalität, das heisst seine
Gültigkeit für alle uns bekannten Lebewesen, seine Konservierung durch die Evolution
sowie die hier zur Anwendung kommenden Gesetze der mathematischen Kombinatorik
sind einzigartig. Vier verschiedene Basen in der DNA reichen aus, um theoretisch für 64
Aminosäuren zu codieren (4 hoch 3). In der Natur kommen 20 verschiedene Aminosäuren
vor. Je drei aufeinanderfolgende Basen (Triplett) bilden die verschlüsselte Information für
die spätere Übersetzung dieser Basensequenz in eine Aminosäure, dem Grundbaustein der
Proteine. Bei der Übersetzung von DNA in mRNA wird der sogenannte Matritzenstrang
(Antisense-Strang) als direkte Vorlage zur Synthese der mRNA benutzt. Der mRNA-Einzel-
strang weist damit die Sequenz des codierenden DNA-Stranges auf. Einzig die Base Thymin in der DNA-Sequenz wird, wie im Text beschrieben, durch die RNA-spezifische Base
Uracil (U) ersetzt.

Abb. 10b   Vor 150 Millionen Jahren oder heute: Der genetische Code ist universell
Ob es sich um den fossilen Ammoniten aus den Urzeiten vor 150 Millionen Jahren oder
um den heute in den Tiefen des Meeres lebenden Nautilus handelt: Für beide ist der genetische Code universell.

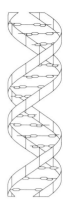

29

10b

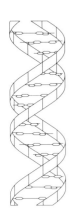

Stranges darstellt. Das bedeutet, dass sie komplementär zu dem nicht-codogenen DNA-Strang ist, der als Ablesematritze für die mRNA gegeben ist. Nur so kann eine mRNA Kopie des codogenen DNA-Stranges erstellt werden (s. Abb. 10).

Jedes Basentriplett, oder Codon, codiert für eine ganz bestimmte Aminosäure, dem Grundbaustein der Proteine. Wir können etwas vereinfacht sagen, dass die Information auf einem Gen aus vielen Basentripletts besteht, wobei jedes Triplett für eine ihm zugehörige Aminosäure codiert. Das Aneinanderreihen dieser Aminosäuren wiederum führt schlussendlich zu einem Protein.

Dieser Code ist der genetische Code. Es ist gleichgültig, ob es sich um einen Wurm, eine Erbse, ein Bakterium oder einen Menschen handelt, die Basensequenz oder das Codon UCU auf der mRNA (auf der DNA also TCT) codiert für die Aminosäure Serin. Bei allen uns bekannten Lebewesen stimmt die Lesart des genetischen Codes, die Zellsprache auf dem DNA-Niveau überein. Daher bezeichnet man den genetischen Code als universell, da er sowohl in Bakterien, Pflanzen, Tieren und Menschen gleichermassen Gültigkeit hat. Diese Tatsache bildet die Grundlage der Ausführbarkeit gentechnischer Experimente, da die Zellsprache, wie oben beschrieben, auf dem DNA-Niveau bei allen Lebewesen gleich ist. Dadurch lassen sich die DNA-Fragmente verschiedener Organismen kombinieren und ablesen.

Auf dem DNA-Niveau liegt der Informationsgehalt also in der spezifischen Abfolge von Basen vor. Gene, die die codierte Bauanleitung für ein Protein enthalten, sind die sogenannten Strukturgene. Sie werden durch zwei zelluläre Prozesse entschlüsselt: die Transkription, die Überschreibung von DNA in mRNA, und anschliessend die Translation, die Übersetzung des mRNA-Informationsgehaltes in Protein. Bei der Translation wird dann die oben erwähnte tRNA von Bedeutung sein.

Das Prinzip der Transkription ähnelt dem der DNA-Replikation.

Wie auch bei der Replikation, so arbeiten die Enzyme der Transkription, die den mRNA-Strang synthetisieren, die DNA-abhängigen RNA-Polymerasen, in einer bestimmten Richtung, nämlich in der $5' \rightarrow 3'$-Richtung. Das neue Ribonukleotid wird immer mit seinem $5'$-Ende an das $3'$-Ende des letzten Nukleotides angehängt. Ähnlich wie bei der DNA-Synthese, knüpft die RNA-Polymerase bei der Transkription ein Nukleotid nach dem anderen an das $3'$-OH-Ende der wachsenden mRNA-Kette.

Bei der Transkription entsteht aber im Gegensatz zur Replikation nur ein Einzelstrang von mRNA, und damit eröffnet sich die Frage, welcher

DNA-Strang des Doppelstrang-Moleküls denn nun derjenige ist, dessen Information in mRNA überschrieben wird. Die beiden DNA-Stränge hat man aus diesem Grund unterschiedlich bezeichnet: derjenige DNA-Strang, dessen Basensequenz für das Genprodukt codiert, wird üblicherweise der codogene Strang (engl.: coding strand, aber auch sense-strand). Die überschriebene mRNA muss die Basensequenz des codogenen Stranges aufweisen. Aufgrund der Basenkomplementarität dient deshalb der nicht-codogene (engl.: anti-sense-strand) als Matrize für die zu überschreibende mRNA. Damit ist es klar, dass die mRNA nun die auf dem codogenen DNA-Strang enthaltene codierte Information auweist.

Einzig die Pyrimidinbase Uracil (U) tritt in der mRNA an die Stelle des Thymin bei der DNA. Ist auf dem codierenden DNA-Strang die Information ATG enthalten, so lautet die Sequenz des Antisense-Stranges TAC, die der dazu komplementär erstellten mRNA logischerweise AUG.

Woher «weiss» der Enzymkomplex der RNA-Polymerasen, wo er sinnvollerweise mit der Transkription zu beginnen hat? Der sinnvolle Beginn ist natürlich der Anfang eines Gens. Diese spezifische Erkennungsstelle für den Beginn der Transkription bezeichnet man als den Promotor. Er ist zugleich Erkennungs- und Regulationsstelle. Um eine Transkription zu gewährleisten, müssen ausser der RNA-Polymerase auch noch zusätzliche Transkritptionsfaktoren anwesend sein.

Bei den Prokaryonten bestehen die Strukturgene aus einem durchgehenden DNA-Segment, das vollständig in mRNA überschrieben wird. Bei den Eukaryonten sind die Strukturgene etwas komplexer als bei den Prokaryonten aufgebaut: neben den codierenden DNA-Bereichen (Exons) gibt es noch unterbrechende nichtcodierende Bereiche, die Introns, sowie an jedem Ende der mRNA Sequenzen, die später nicht in Protein übersetzt werden (5'-3' untranslated regions). Nach der vollständigen Transkription des gesamten Gens werden diese Introns herausgeschnitten, und die Exon-Information wird sinnvoll miteinander verknüpft (gespleisst, engl.: splicing, im deutschen auch als Spleissen bezeichnet). Nun erst liegt bei den Eukaryonten eine funktionstüchtige mRNA vor, die für den nächsten Schritt, die Translation, das heisst die Umsetzung in das Protein verwendet werden kann (s. Abb. 11).

Wie auch bei der DNA-Replikation muss zum Vorgang der Transkription die DNA an den spezifischen Stellen zum Einzelstrang aufgewunden sein, auch hier wird das durch die inzwischen bekannte Helikase durchgeführt. Hat die RNA-Polymerase gemäss der DNA-Sequenz

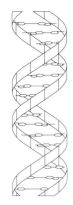

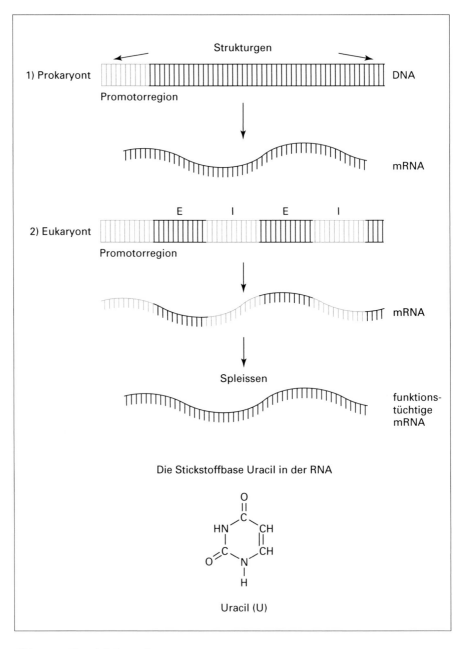

Abb. 11   Transkriptionsschema
Von der Doppelstrang-DNA wird eine einzelsträngige mRNA abgeschrieben. Bei den Eukaryonten muss die mRNA aber durch das Herausschneiden der Introns (I) zu einem funktionstüchtigen Molekül verändert werden. Diesen Vorgang des Schneidens der Introns und des Aneinanderhängen der Exons (E) bezeichnet man als Spleissen. (Schematische Darstellung)

die komplementäre mRNA eines Gens synthetisiert, so erhält das Enzym durch eine spezifische Terminator-Sequenz das Signal, die Transkription zu beenden.

Diese Darstellung des hochkomplizierten Vorganges der Transkription ist stark vereinfacht. Zum Basisverständnis der gentechnischen Methoden muss hier auch nicht intensiver darauf eingegangen werden. Sollte der Leser Interesse an weiterer detaillierter Information haben, so sollte eines der vielen guten Bücher über Molekularbiologie hinzugezogen werden (siehe Literaturverzeichnis).

I.4 Translation – Übersetzung der mRNA in Protein: der genetische Code ist umgesetzt

Einzelstrang-mRNA → Protein

Ist nun ein Gen von der DNA in mRNA überschrieben, so haben wir damit quasi den Vermittler oder Boten, der die in der Basensequenz der DNA verschlüsselte Information weiterreicht. Die mRNA wird nun an die zellulären Werkzeuge der Proteinsynthese, den Ribosomen, gebracht. Ribosomen sind über die Jahrmillionen der Evolution enorm konservativ geblieben: die Ribosomen aller Organismen sind aus zwei Untereinheiten zusammengesetzt, diese sind aufgebaut aus ribosomaler RNA (rRNA) und Proteinen. Die Ribosomen liegen im Zellplasma vor.

Das bedeutet bei den Eukaryonten, dass die Translation nicht im Zellkern, sondern im Zellplasma durchgeführt wird. Oben haben wir erwähnt, dass der genetische Code in Form von Tripletts (Codons), die jeweils für eine bestimmte Aminosäure codieren, verschlüsselt ist.

Wir müssen uns wieder in Erinnerung rufen, dass es ausser der mRNA noch zwei weitere RNA-Sorten gibt: die ribosomale RNA (rRNA) und die transferRNA (tRNA). Die rRNA ist in den Ribosomen für die räumliche Positionierung der mRNA und der tRNA während der Proteinsynthese verantwortlich. Die tRNA besitzt eine kleeblattähnliche Struktur, deren oberstes Kleeblatt Träger des sogenannten Anticodons ist. Dieses Anticodon trägt die komplementäre RNA-Sequenz zu dem Codon auf der mRNA, also die Sequenz des DNA-Matritzen-Stranges. Die tRNA ist aber zusätzlich an ihrem «Kleeblattstiel» auch noch Träger einer Aminosäure, und zwar trägt jede tRNA die zu ihrer Sequenz des Anticodons passende Aminosäure. Also trägt jede tRNA mit dem gleichen Anticodon logischerweise die gleiche Aminosäure. Dadurch ist

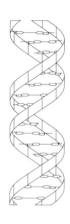

garantiert, dass am Ribosom für gleiche Codons bzw. Anticodons immer auch die gleiche Aminosäure eingesetzt wird und somit die auf der DNA vorgegebene Information stets gleich entschlüsselt wird.

Der Start der Translation ist in der Regel durch ein Start-Codon auf der mRNA gegeben.

Im Falle des generellen Start-Codons ist es die Sequenz AUG auf der mRNA, auf dem Anticodon also UAC. Mehr als 90% der zu translatierenden mRNA bei Bakterien und Eukaryonten beginnen mit AUG, dem Code für die Aminosäure Methionin. Ebenso generell ist das Stop-Codon, es ist die Sequenz UGA, diese codiert aber für keine Aminosäure, sondern gibt nur das Signal zum Stop der Translation.

In den Ribosomen, der Werkstatt der Proteinsynthese, werden die Codons abgelesen, und durch die verschiedenen tRNAs werden die entsprechenden Aminosäuren herangeführt. Durch kovalente Verknüpfung der Aminosäure wächst diese Polypeptidkette zu einem Protein (s. Abb. 12).

Den gesamten Vorgang der Transkription und der Translation aus der vorgebenen DNA-Sequenz nennt man Genexpression, und das Protein ist das Genprodukt.

Die Stärke der Expression der Gene kann auf verschiedenen Stufen geregelt werden, zum Beispiel während der Transkription, aber auch während der Translation. Man mag den Eindruck haben, dass nur vier verschiedene Basen nicht in der Lage sein könnten, für die Vielzahl der diversen Aminosäuren (insgesamt 20 natürlich vorkommmende) zu codieren. Hier kann man einfache Kombinatorik zu Hilfe nehmen, um zu sehen, dass vier verschiedene Basen für sogar noch weit mehr als nur 20 Aminosäuren codieren können: Wenn vier verschiedene Basen in Tripletts codieren, so errechnet man die Kombinationsmöglichkeiten durch Potenzierung: vier hoch drei, das ergibt 64 Möglichkeiten der Kombination! Durch die 4 Basen könnten theoretisch 64 Aminosäuren verschlüsselt werden. Die Natur hat aber nur deren 20 benutzt. Nur die Aminosäuren Methionin und Tryptophan sind zwingend durch ein und nur ein Triplett codiert. Bei den übrigen Aminosäuren sind nur die ersten zwei Basen-Positionen zwingend, und die dritte kann in gewissem Rahmen schwanken. Man spricht hier davon, dass der genetische Code «degeneriert» ist.

Wesentlich zum Verständnis der Gentechnik ist Folgendes: der genetische Code ist universell. Das bedeutet, dass in jedem Organismus die codierende Basensequenz für eine bestimmte Aminosäure gleich ist: Die Sequenz UCU auf der mRNA steht in jedem Organismus für die

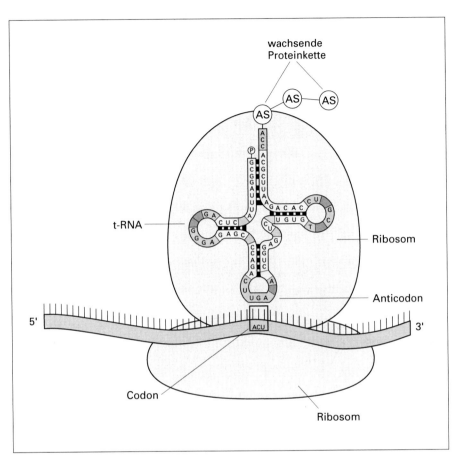

Abb. 12   Translation
An den Ribosomen, den Zellorganen für die Proteinbiosynthese, wird die mRNA in Protein übersetzt. Das gebildete Protein nennt man das Genprodukt einer Genexpression.

Aminosäure Serin, die Sequenz CAU für die Aminosäure Histidin, gleichgültig, ob es sich bei dem Organismus um ein Bakterium, einen Wurm, eine Erbse oder einen Menschen handelt.

Diese Tatsache ist der Grund, warum wir Gentechnik betreiben können, denn die «Zellsprache» auf dem DNA-Niveau ist universell. Daher kann eine pflanzliche Zelle ein bakterielles Gen exprimieren, oder ein Bakterium kann ein menschliches Genprodukt hervorbringen, denn die verschiedenen Enzyme, die an der Replikation, Transkription und Translation beteiligt sind, verrichten ihre Arbeit an den verschieden Nukleinsäuren ungeachtet deren Herkunft. Selbstverständlich können Genprodukte wie Proteine in einer Zelle weiterverändert werden (ge-

Spaltet man die DNA mit zwei verschiedenen Enzymen, so kann man anhand der zusätzlichen Fragmente, die dann entstehen, die relative Position der Schnittstellen des zweiten Enzyms lokalisieren. Verfährt man so weiter mit verschiedenen Enzymen, kann man eine Restriktionskarte erstellen, die anzeigt, in welchen Abständen und in welcher Häufigkeit die sequenzspezifischen Schnittstellen auf dem DNA-Molekül vorhanden sind.

II   Klonieren – Vermehrung kombinierter DNA-Abschnitte

Die Definition für das Klonieren muss hier strikt mit der Begrenzung auf den gentechnischen Bereich angesehen werden. Klonieren oder Klonen ist nämlich kein Begriff, der erst in den Zeiten der Molekularbiologie entstanden ist, sondern wurde schon lange zuvor von Züchtern in der Botanik oder bei Mikrobiologen benutzt. Dort bedeutet es nichts anderes als die ungeschlechtliche, genetisch identische Vermehrung eines Organismus. Als Beispiel kann man Pflanzenklone, die aus der Blattvermehrung einer Pflanze zu ganzen neuen Pflanzen entstanden sind, anführen. In der Gentechnologie hingegen lautet die Definition anders: in der Gentechnologie ist Klonieren der Einbau eines Gens oder eines DNA-Abschnittes in einen Träger (Klonierungsvektor) und die nachfolgende Vermehrung und Bildung des Genproduktes in einer geeigneten Wirtszelle (s. Abb. 16).

Nun sind zwei neue Begriffe im Zusammenhang mit dem Klonieren aufgetaucht: der Klonierungsvektor und die Wirtszelle.

Befassen wir uns zuerst mit dem Begriff des Klonierungsvektors beziehungsweise der Vektorsysteme.

II.1   Vektorsysteme – Einbau der DNA in Genfähren und der Gentransfer

Der Vektor wird oft populärwissenschaftlich als Genfähre bezeichnet. Wir wollen hier aber den Begriff des Vektors benutzen. Es ist die generelle Bezeichnung für Nukleinsäure-Moleküle, die bei Klonierungsexperimenten als Träger von Fremd-DNA dienen.

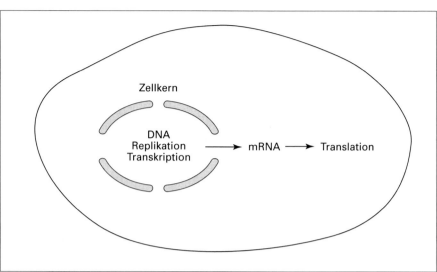

Abb. 13   Was findet wo statt?
Was passiert innerhalb des Zellkerns, was ausserhalb? Dieses kleine Schema zeigt: Bei den
Eukaryonten finden Replikation und Transkription im Zellkern, die Translation, also die Bil-
dung von Proteinen ausserhalb des Zellkerns an den Ribosomen statt.

1. Schnitte, die zu überstehenden DNA-Enden führen. Dies sind die
   «sticky ends» oder, zu deutsch, klebrige Enden.
2. Glatte Schnitte, die keine überstehenden Enden der DNA liefern.
   Dies sind die «blunt ends».

Beispiel für «sticky ends» ist das Restriktionsenzym EcoRI, für die
«blunt ends» das Restriktionsenzym HaeIII (s. Abb. 14).

Die Namensgebung der Restriktionsenzyme richtet sich zum einen
nach dem Organismus, aus dem das Enzym isoliert wurde, und die
römische Ziffer gibt an, als wievieltes Enzym dieses Organimus das
Enzym isoliert wurde.

Beispiel: EcoRI ist die erste Restriktionsendonuklease aus dem Bakterium E. coli.

Die Länge der Erkennungsstellen kann variieren. Kleine Erken-
nungssequenzen treten in der zu klonierenden DNA mit grösserer Häufigkeit auf. Deshalb benutzt man in den meisten üblichen Klonierungsexperimenten Restriktionsenzyme mit Schnittstellen aus 4 (four-cutter)
oder 6 (six-cutter) Basenpaaren. Die kreuzweise spiegelbildliche Basen-
anordnung einer Schnittstelle bezeichnen wir als Palindrom.

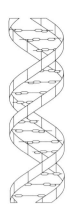

Beispiel für eine Schnittstelle, bei der «sticky ends» entstehen:

EcoRI

.....G A A T T C....
.....C T T A A G....

Nach der Spaltung:

.....G   A A T T C.....
.....C T T A A   G.....

Beispiel eines Restriktionsenzyms,
bei dessen Schnitt «blunt ends» entstehen:

HaeIII

.....G G C C....
.....C C G G....

Nach der Spaltung:

.....G G   C C....
.....C C   G G....

Beispiel für Klonierung von Pflanzen- und Bakterien-DNA

Pflanzen-DNA   Bakterien-DNA

.....G   A A T T C.....
.....C T T A A   G.....

.....G A A T T C....
.....C T T A A G....

rekombinierte DNA

Abb. 14   Schnittstellen von Restriktionsenzymen

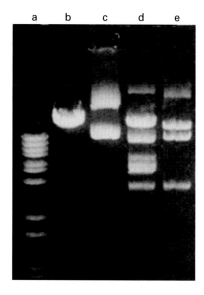

Abb. 15 Effekt der Restriktionsenzyme sichtbar gemacht
Die Auftrennung von DNA-Fragmenten verschiedener Grösse nach Behandlung einer Plasmid-DNA mit Restriktionsenzymen kann man in einer Gelelektrophorese in einem Agarose Gel gut erkennen:
a: Marker DNA, diese Banden haben eine bekannte DNA-Länge
b: Plasmid-DNA einmal mit BamH1 geschnitten, und daher linear
c: ungeschnittene Plasmid-DNA, als Supercoil oder mit Einzelstrangbruch vorliegend
d: Plasmid-DNA mit zwei Restriktionsenzymen, BamH1 und EcoR1, geschnitten
e: Plasmid-DNA mit EcoR1 geschnitten

Bei den «sticky ends» ist zu erkennen, dass nach einem Schnitt mit dem entsprechenden Restriktionsenzym (z.B. EcoRI) DNA-Stücke verschiedener Herkunft (Pflanze, Tier, Bakterium) sich aufgrund der Komplementarität der Schnittstellen vorzugsweise zusammenlagern (s. Abb. 14).

Spaltet man eine bestimmte DNA zuerst mit einem einzigen Restriktionsenzym, so wird man, entsprechend der Anzahl der Schnittstellen für dieses Enzym, auch die entsprechende Anzahl der DNA-Fragmente erhalten. DNA-Moleküle trennt man in der Regel über ein Agarose-Gel entsprechend ihrer Grösse auf. Und zwar wandern die kleineren Moleküle unter dem Stromeinfluss im Agarose-Gel am schnellsten, die grossen dagegen langsamer. Nach Beendigung einer solchen Gel-Elektrophorese können die DNA-Moleküle nach dem Anfärben im UV-Licht als Banden sichtbar gemacht werden (s. Abb. 15).

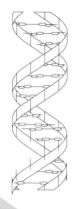

Spaltet man die DNA mit zwei verschiedenen Enzymen, so kann man anhand der zusätzlichen Fragmente, die dann entstehen, die relative Position der Schnittstellen des zweiten Enzyms lokalisieren. Verfährt man so weiter mit verschiedenen Enzymen, kann man eine Restriktionskarte erstellen, die anzeigt, in welchen Abständen und in welcher Häufigkeit die sequenzspezifischen Schnittstellen auf dem DNA-Molekül vorhanden sind.

II   Klonieren – Vermehrung kombinierter DNA-Abschnitte

Die Definition für das Klonieren muss hier strikt mit der Begrenzung auf den gentechnischen Bereich angesehen werden. Klonieren oder Klonen ist nämlich kein Begriff, der erst in den Zeiten der Molekularbiologie entstanden ist, sondern wurde schon lange zuvor von Züchtern in der Botanik oder bei Mikrobiologen benutzt. Dort bedeutet es nichts anderes als die ungeschlechtliche, genetisch identische Vermehrung eines Organismus. Als Beispiel kann man Pflanzenklone, die aus der Blattvermehrung einer Pflanze zu ganzen neuen Pflanzen entstanden sind, anführen. In der Gentechnologie hingegen lautet die Definition anders: in der Gentechnologie ist Klonieren der Einbau eines Gens oder eines DNA-Abschnittes in einen Träger (Klonierungsvektor) und die nachfolgende Vermehrung und Bildung des Genproduktes in einer geeigneten Wirtszelle (s. Abb. 16).

Nun sind zwei neue Begriffe im Zusammenhang mit dem Klonieren aufgetaucht: der Klonierungsvektor und die Wirtszelle.

Befassen wir uns zuerst mit dem Begriff des Klonierungsvektors beziehungsweise der Vektorsysteme.

II.1   Vektorsysteme – Einbau der DNA in Genfähren und der Gentransfer

Der Vektor wird oft populärwissenschaftlich als Genfähre bezeichnet. Wir wollen hier aber den Begriff des Vektors benutzen. Es ist die generelle Bezeichnung für Nukleinsäure-Moleküle, die bei Klonierungsexperimenten als Träger von Fremd-DNA dienen.

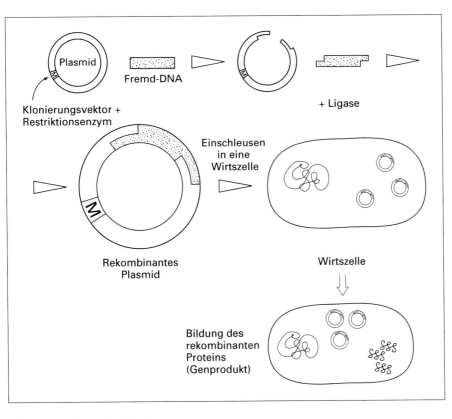

Abb. 16   Schema des Klonierens
M: Markergen (Erläuterungen siehe Text)

Ein idealer Vektor weist möglichst viele Restriktionsschnittstellen (siehe Restriktionsenzyme) und mindestens ein Markergen sowie einen in der Wirtszelle funktionierenden Promotor auf. Das Markergen, in den häufigsten Fällen eine Antibiotikaresistenz, ist der Indikator für die Anwesenheit dieses Vektors und damit auch der übertragenen Fremd-DNA in der Wirtszelle. Denn wird neben dem Fremd-Gen als Markergen die Antibiotikaresistenz übertragen, so sind alle Wirtszellen, die den Vektor integriert haben, in einer antibiotikahaltigen Nährlösung noch lebensfähig. Zellen, die den Vektor nicht integriert haben, sterben hingegen ab. In antibiotikahaltiger Nährlösung lassen sich Zellen, welche Fremd-DNA aufgenommen haben, selektionieren (Selektion, s. S. 57). Es ist also das sichtbare Mass der Übertragungsfrequenz sowie der Genexpression.

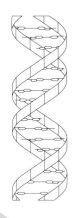

Wir unterscheiden erst einmal verschiedene Vektorarten, aber auch verschiedene Übertragungsarten der Fremd-DNA in einen anderen Organismus.

Ein Vektor kann entweder nur ein Träger-Molekül der Fremd-DNA sein, oder aber er kann auch noch zusätzlich den Gentransfer in die Zielzelle selbständig durchführen. Zusammen mit der zu klonierenden DNA bildet er das rekombinante DNA-Molekül. Im folgenden werden verschiedene Vektorsysteme besprochen:

1. Plasmide (Träger)
2. Bakteriophagen und Viren (Träger und Gentransfer)
3. Cosmide (Träger)
4. Bakterien (Träger und Gentransfer)
5. Physikalische Methoden (Gentransfer)

II.1.1 Plasmide

Plasmide sind bakteriellen Ursprungs. Sie sind kleine geschlossene DNA-Doppelstrang-Ringe, die nur wenige Gene tragen und die Zellmembran mit bestimmter Hilfe (s. Physikalische Methoden, II.1.5) passieren können. Einmal ins Bakterium eingeschleust, werden sie wie zelleigene DNA weitervermehrt. Fast alle uns bekannten Bakterienarten sind Plasmidträger. Manchmal codiert die DNA der Plasmidringe für eine Antibiotikaresistenz (R-Plasmide) oder für die Information für einen Transfer genetischen Materials von einer Bakterienzelle in die andere (F-Plasmide). Manche Plasmide sind von uns noch nicht in ihrer Funktion aufgeklärt, noch geheim, daher nennt man sie kryptische Plasmide.

Die Grösse solcher Plasmide variiert zwischen 1–500 kb. Kb ist die wissenschaftlich gebräuchliche Abkürzung für die Grössenangaben einer DNA: 1 kb bedeutet eine Kilobase = 1000 Basen. In der Doppelstranganordnung sind dies natürlich 1000 Basenpaare oder, ganz korrekt ausgedrückt, 1000 Nukleotidpaare. Die Bezeichnung Basenpaare hat sich eingebürgert, weil die Basen das entscheidende Element in der Codierung darstellen, aber genau betrachtet müsste man von Nukleotidpaaren sprechen. Wir werden den Begriff Basen oder Basenpaare verwenden, wie es sich in der Wissenschaft eingebürgert hat.

Plasmide können in einer Menge bis zu 100 Kopien pro Wirtszelle vorkommen. Auch können Plasmide verschiedener Art in einem Bakterium gleichzeitig anwesend sein.

Die Fähigkeit der Plasmide, die Zellmembran unter bestimmten Umständen passieren zu können, einen eigenen Replikationsursprung zu haben, d.h. also unabhängig repliziert werden zu können und zudem noch einen gewissen Umfang an «neuer» DNA aufnehmen zu können, macht Plasmide zu fast idealen Vektoren in Bezug auf das Klonieren.

Wesentlich für das Klonieren ist die Tatsache, dass auch Plasmide auf ihrer DNA Erkennungsstellen für Restriktionsenzyme besitzen.

Konstruieren wir uns ein Beispiel: Das Plasmid X hat eine Schnittstelle für das Restriktionsenzym EcoRI. Die zu klonierende DNA ist ebenfalls mit EcoRI geschnitten. Das bedeutet, alle DNA-Fragmente haben überstehende 5'-OH-Enden. Wir wissen, dass A mit T und G mit C paart. Schauen wir uns die Struktur der Einzelfragmente an, so ist es logisch, dass es zu folgender Kombination kommt (s. Abb. 17):

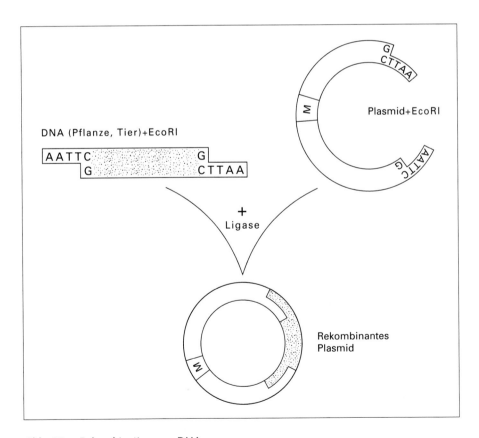

Abb. 17   Rekombination von DNA
M: Markergen (Erläuterungen siehe Text)

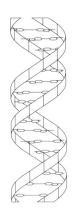

Nun ist aber die Ausbildung der einzelnen Wasserstoffbrücken an den Bindungsstellen zwischen A-T und G-C nicht genug. Vergessen wir nicht: die Bindung des DNA-Rückgrats ist kovalent, kann nur enzymatisch aufgespalten werden und muss daher auch enzymatisch geschlossen sein: hier tritt das Enzym Ligase in Aktion. Dieses Enzym wurde erstmals aus dem Bakteriophagen T4 isoliert. Es ist aber in allen Organismen präsent. Dieses Enzym verknüpft kovalent die beiden DNA-Stränge, die bereits durch die Bindung der Basenpaarung schwach zusammengehalten werden. Nun ist die Fremd-DNA mit dem Plasmid zu einem einzigen DNA-Molekül verbunden. Wir sprechen dann von rekombinanter DNA.

Ist das DNA-Fragment in das Plasmid X fest integriert, kann es in eine geeignete Wirtszelle eingeschleust werden. In der Wirtszelle kann von der klonierten Fremd-DNA des Plasmids, sofern sie ein Gen für ein Protein enthält, das Genprodukt, das Protein gebildet werden. Wir sprechen dann von einem rekombinanten Protein.

Da Plasmide nicht immer die gewünschten Schnittstellen für diverse Restriktionsenzyme aufweisen, wurden sie gentechnisch so verändert, bis sie die gewünschten Eigenschaften besassen. Als Paradebeispiel gilt das Plasmid mit der Bezeichnung pBR322. Seine Grösse: 4361 Basenpaare oder 4.361 kb. Neben zwei Genen für Antibiotikaresistenz gegen Ampicillin und Tetracyclin ist es noch Träger von 5 Restriktionsschnittstellen! Das «Fassungsvermögen» eines Plasmid-Vektors beträgt ca. 10 kb DNA.

Plasmidvektoren finden breite Anwendung sowohl in Bakterien wie auch in eukaryonten Zellen wie Hefe oder Säugerzellinien.

II.1.2 Bakteriophagen

Bakteriophagen sind Viren, die ausschliesslich Bakterien befallen, während die übrigen als Viren bezeichneten Organismen eukaryonte Zellen infizieren.

Bei Viren und Bakteriophagen handelt es sich um winzige Mikroorganismen, die sich nur mit Hilfe der Infrastruktur einer Wirtszelle vermehren können.

Vereinfacht gesehen ist der Aufbau eines Bakteriophagen wie folgt:

Das genetische Material ist die DNA, gut geschützt im «Phagenkopf» von Proteinen umhüllt. An den Kopf schliesst sich noch ein Schwanz aus Proteinen an, der in der Schwanzfaser mündet. Ein Bakteriophage dockt gezielt auf «seiner» Bakterienzelle, an der er spezifische Bindungsstrukturen erkennt, an und injiziert seine DNA in diese hinein. Die Phagen-DNA wird dann unter Mithilfe der Wirtszelle vermehrt.

Die Genprodukte, also die verschiedenen Proteine, die für den Kopf, den Schwanz und die Verpackung der DNA in den Phagenkopf nötig sind, werden in der Zelle gebildet. Nun liegen in der Zelle die replizierte DNA, die Köpfe, Schwänze, Schwanzfasern und die Verpackungsenzyme vor: der Phage wird zusammengesetzt, analog einem Baukastensystem, die Zelle platzt schlussendlich und setzt damit die neuen Bakteriophagen frei (lytischer Zyklus).

Es kann aber auch eine Integration der Phagen-DNA in das Genom des Bakteriums erfolgen, die Phagen-DNA wird als sogenannter Prophage dann normal im Teilungszyklus des Bakteriums vermehrt, aber es wird kein ganzer Phage gebildet. In diesem Fall spricht man von Lysogenie. Unterschiedliche Formen von Stress (z.B. Hitze) führen dazu, dass die Phagen-DNA wieder aus dem Bakterien-Genom herausgeschnitten wird, und es kommt zu einem lytischen Zyklus.

Nun kann es vorkommen, dass beim Herausschneiden (Excision) der Phagen-DNA aus dem bakteriellen Genom ein Stück bakterieller DNA mitherausgeschnitten wird und somit, in den Phagen verpackt, später durch diesen Phagen in ein anderes Bakterium übertragen werden kann. Wir sehen, dass nicht der Mensch im Labor die erste Genübertragung vollführt hat. Diese ist von Bakteriophagen und auch Viren seit Millionen von Jahren Tatsache.

Der Vorteil von Bakteriophagen als Vektor ist der Umstand, dass Phagen grössere DNA-Moleküle aufnehmen können, als dies bei Plasmiden der Fall ist.

Als ein Beispiel möchten wir den Phagen Lambda besprechen (s. Abb. 18).

Die Erbinformation des Phagen Lambda liegt in linearer, also gestreckter und nicht in zirkulärer Form vor. Lambda ist ein Bakterienvirus, das E. coli, ein häufig vorkommendes Darmbakterium im Menschen, befällt. Die Gesamtlänge seiner DNA beträgt gut 48 kb. Seine DNA codiert für folgende Gene: Kopf- und Schwanzproteine, Enzyme für Integration und Excision sowie Enzyme für die DNA-Replikation und deren Regulation. Die Phagen-DNA ist beidseitig flankiert von DNA-Stücken, die als cos-Stellen (engl.: cohesive sites) bezeichnet werden. Diese cos-sites sind beidseitig komplementär. Sie sind wesentlich für die Verpackung der Phagen-DNA. Die Verpackung der DNA ist nämlich nur dann möglich, wenn diese beiden cos-sites vorhanden sind und mindestens 38–52 kb auseinanderliegen. Der Informationsgehalt

45

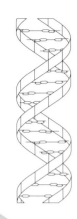

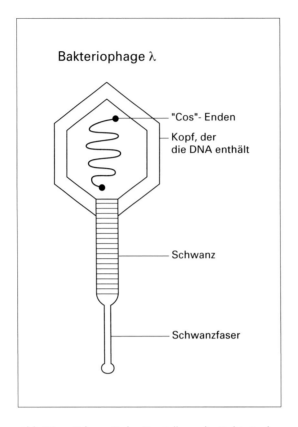

Bakteriophage λ

"Cos"- Enden

Kopf, der
die DNA enthält

Schwanz

Schwanzfaser

Abb.18   Schematische Darstellung des Bakteriophagen λ

der DNA, die zwischen diesen cos-Stellen liegt, ist für den Vorgang der Verpackung bedeutungslos. Diese Eigenschaft lädt Gentechniker natürlich dazu ein, Fremd-DNA zwischen die cos-Stellen einzuschleusen. Bei den Cosmiden (s.u.) wird davon Gebrauch gemacht.

Der Phage Lambda ist seit langem gut untersucht, und im Laufe der experimentellen Erfahrungen und Erkenntnisse hat man inzwischen gentechnisch einen Lambda-Phagen konstruiert, der alle Eigenschaften für einem guten Vektor beinhaltet.

Die DNA des neukonstruierten Phagen Lambda wurde so verändert, dass zwei Schnittstellen für das Restriktionsenzym BamHI diejenige Region flankieren, die für die Integration/Excision vom Wirtsgenom verantwortlich ist. Schneidet man diesen Phagen mit BamHI, entstehen drei DNA Stücke von definierter Länge. Die mittlere Region, die im natürlichen Phagen die Gene für Integration und Excision trägt, kann durch Fremd-DNA ersetzt werden. Diese DNA kann, entsprechend der Länge der entfernten Region, eine Grösse bis zu 20 kb aufweisen.

Die gentechnisch hergestellten Lambda-Phagen kann man durch wiederholte Aufzucht in E. coli-Kulturen halten.

Im Gegensatz zu Plasmid-Vektoren finden Bakteriophagen-Vektoren nur im prokaryonten System, zum Beispiel bei der Herstellung von Genbanken, Anwendung.

Escherichia coli ist ein Bakterium der Familie der Enterobacteriaceae. Es ist ein wichtiges Bakterium in der menschlichen Darmflora. E. coli gehört zu den gram-negativen Bakterien und wird seit Jahrzehnten als das Haustier der Molekularbiologen im Labor gezüchtet. Eine E. coli-Aufzucht geschieht in sogenannten Fermentern. Dies sind Rührkessel, in denen bei 37 Grad Celsius eine speziell zusammengesetzte Nährlösung für eine optimale Vermehrung des Bakteriums sorgt. Unter idealen Bedingungen verdoppelt sich E. coli alle 20 Minuten. Die E. coli Laborstämme sind genetisch derart beschaffen, dass sie ausserhalb der Laborbedingungen nicht überlebensfähig sind.

II.1.3   Cosmide

Sie sind eine Kombination von Plasmid und Lambdasystem. Diese Klonierungsvektoren können 38–52 kb Fremd-DNA aufnehmen und als Plasmide in E. coli gehalten werden.

Dies kann deshalb geschehen, weil die Lambda-DNA an ihren jeweiligen Enden über die cos-Stellen, die «sticky-ends» sind, verfügt. Sind diese einmal in ein Bakterium eingeschleust, können sie sich zum Plasmidring schliessen. Die Bildung eines Plasmids mit cos-Stellen ergab den Namen Cosmid.

Der Vorteil dieses Systems liegt darin, dass zwischen den cos-Stellen grosse DNA-Stücke kloniert werden können. Dies ist möglich, weil man Teile der ursprünglichen Phagen-DNA, die für die Vermehrung zuständig ist, gentechnisch entfernt hat. Die rekombinante DNA kann sehr effizient im Reagenzglas in vermehrungsunfähige Phagen verpackt werden, die Bakterien aber noch immer mit hoher Frequenz infizieren können. Das ringförmige Plasmid kann dann von der Zelle vermehrt werden.

Cosmide werden vor allem zum Aufbau von Genbanken verwendet.

II.1.4 Viren

Wie auch bei den Bakteriophagen können wir uns bei den Viren den Umstand zunutze machen, dass sie seit Millionen Jahren darauf spezialisiert sind, Zellen zu befallen und ihr genetisches Material, entweder DNA oder RNA, in diese Zielzellen einzubringen. Werden Viren in der Gentechnik als Gentransporteure benutzt, so sprechen wir von Vektoren. Wir wollen hier zwei Systeme vorstellen: das des Adenovirus, einem DNA-Virus, und das des Retrovirus, einem RNA-Virus.

Viren sind in ihrem Aufbau den Bakteriophagen ähnlich: das genetische Material ist von einer oder mehreren Hüllen aus Proteinen umgeben, oft haben Viren eine geometrische Form wie zum Beispiel die eines Ikosaeders (gr.: 20-Flächner).

Viren können sich nur in lebenden Zellen vermehren. Sie werden über Endozytose (Einstülpung der Zellmembran) in die Zelle aufgenommen. Im Inneren der Zelle lösen sich ihre Bauteile voneinander. Die DNA oder RNA wird frei und kann vermehrt werden. Viren sind als Parasiten auf das Wirtssystem der befallenen Zelle angewiesen: die Vermehrung des genetischen Materials, die Expression der Genprodukte und der Zusammenbau werden neben viruseigenen Enzymen hauptsächlich durch die zelleigenen Mechanismen gewährleistet. Die fertigen Virus-Teile werden zusammengesetzt, indem das genetische Material in die Proteinhülle verpackt wird. Die Viren verlassen die Zelle dann durch Knospung oder Zytolyse (Auflösung der Zelle).

II.1.4.1 Adenoviren als Vektoren

Die Familie der Adenoviren gehört zu den DNA-Viren. Insgesamt 12 verschiedene Viren dieses Types sind bekannt. Das Adenovirus infiziert eine Zelle, bringt damit seine doppelsträngige, lineare DNA dort hinein. Die DNA integriert aber nicht in das menschliche Genom.

Um das Virus, das im allgemeinen bei uns Erkältungskrankheiten auslösen kann, für gentechnische oder besser gesagt gentherapeutische Versuche beim Menschen benutzen zu können, muss es noch ein wenig verändert werden, so dass es den Ansprüchen für die Gentherapie, denn das ist der Hauptanwendungsbereich des Adenovirus, genügen kann. Ein «Wunschvirus» soll die Eigenschaften behalten, Zellen befallen zu können und die DNA einzubringen. Auf der anderen Seite darf der Patient keine Infektion durch das Adenovirus erleiden, die Vermeh-

rung muss unterbunden werden. Dies geschieht, indem mit gentechnischen Methoden die E1-Region des Adenovirus aus seiner Gesamt-DNA herausgeschnitten wird. Die E1-Region ist dasjenige Gen, das für die Vermehrung des Virus notwendig ist. Anstelle der E1-Region wird die zu übertragende Fremd-DNA eingesetzt. Dieses Virus wäre nun ideal für die Genübertragung, aber nicht mehr beliebig vermehrungsfähig, um genügend Viren für die Übertragung zu erhalten. Dies erreicht man durch einen Trick.

Das selbst nicht mehr vermehrungsfähige, gentechnisch veränderte Adenovirus inklusive der Fremd-DNA wird auf ein Plasmid kloniert. Dieses Plasmid wird einer bestimmten Zellkultur zugegeben. Diese Zellen sind ebenfalls gentechnisch verändert und enthalten ihrerseits in ihrem Genom die E1-Region. Diese «Helfer-Zellen» bringen in Zusammenwirken mit dem Plasmid eine Vermehrung des Virus in Zellkultur fertig. Es entstehen nun viele Viren, die die Fremd-DNA enthalten und als Überträger benutzt werden können. Für die gentherapeutische Behandlung steht nun ein Vektor zur Verfügung, der das gewünschte Gen enthält und übertragen kann, aber beim Menschen keine schädliche Infektion durch seine Vermehrung hervorruft.

Der Vorteil dieses Systems ist eine gute Züchtbarkeit des Virus, weil er auch nicht-teilende Zellen infizieren kann. Weniger günstig ist die geringe Aufnahmekapazität für Fremd-DNA im viralen Genom mit nur ca. 7–10 kb. Die Adenoviren werden bei der Gentherapie menschlicher Zellen genutzt.

II.1.4.2   Retroviren als Vektoren

Ein anderes virales Vektorsystem ist das retrovirale System. Retroviren gehören zu den bestuntersuchten Vektoren für menschliche Zellen. Allerdings sind sie, da sie nur sich teilende Zellen infizieren können, vor allem für Genübertragungen in Zellkulturen geeignet (s. Abb. 19).

Bei Retroviren handelt es sich um Viren, deren genetisches Material in Form von Einzelstrang-RNA (5–10 kb) vorliegt. Noch einmal kurz zur Wiederholung: RNA ist sehr ähnlich wie DNA aufgebaut, besitzt aber anstelle der Desoxyribose eine Ribose und ersetzt die Pyrimidinbase Thymin durch das Uracil. Sobald ein Retrovirus seine RNA in eine Zelle eingebracht hat, wird sie von einem viruseigenen Enzym in DNA übersetzt. Dieses Enzym heisst Reverse Transkriptase. Erst nach dieser Überschreibung integriert die virale DNA in das Genom der Wirtszelle. Diese Formation nennt man Provirus.

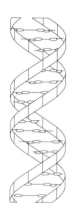

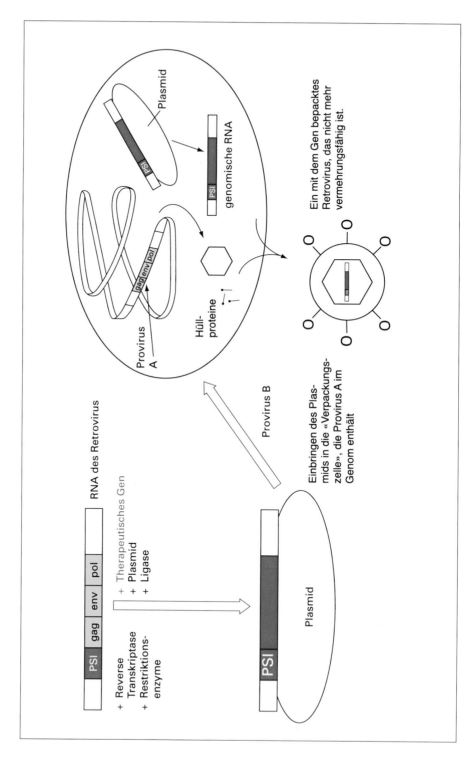

Retroviren sind in ihrer ursprünglichen Form in keinem Fall als Vektoren für den Menschen brauchbar und müssen daher gentechnisch umfunktioniert werden.

Wie bereits bei den Adenoviren gesehen, können gewisse Regionen des viralen Genoms entfernt werden, ohne dass dadurch die Übertragungsfähigkeit des Virus für die DNA verlorengeht. Ähnlich wie bei den Adenoviren geht man gentechnisch bei den Retroviren vor.

Man kombiniert zwei Arten von Proviren, die gentechnisch verändert wurden, sodass sie unterschiedliche Genome aufweisen. Ein Provirus besitzt alle viralen Gene ausser derjenigen Sequenz, die für die Verpackung der DNA in die Hülle verantwortlich ist. Dieses Provirus, nennen wir es A, kann in den befallenen Zellen also nur leere Proteinhüllen und das genetische Material produzieren, aber keine kompletten Viren. Provirus A ist fest im Genom der Wirtszellinie integriert.

Das zweite Provirus, nennen wir es B, enthält zwar die Verpackungssequenz, aber alle anderen Gene sind gentechnisch mit Restriktionsenzymen herausgeschnitten und anstelle dieser ist die Fremd-DNA eingesetzt. Das gesamte Provirus B wird in ein Plasmid eingesetzt.

Das Plasmid mit dem Provirus B wird den Zellen mit dem Provirus A eingeschleust. Nun wird das RNA-Transkript von B in die von A produzierten leeren Virushüllen verpackt. Diese Virushüllen enthalten auch das Enzym Reverse Transkriptase, das nach Infektion einer Zelle für die Überschreibung der viralen Vektor-RNA in DNA notwendig ist. Die Vektor-DNA kann erst jetzt in das Wirtsgenom integrieren, und dort kann das eingeschleuste Fremd-Gen abgelesen werden. So ist ein retroviraler Vektor entstanden, der Zellen befallen und «seine» RNA mit dem Stück Fremd-DNA in Zellen einbringen kann, der aber, wie auch schon der adenovirale Vektor, seiner für den Menschen gefährlichen Vermehrungsfähigkeit beraubt ist.

II.1.5 Bakterien

Eine elegante Methode des Gentransfers ist uns durch die Natur im Pflanzenreich, in der Form des Bakteriums Agrobacterium tumefaciens,

Abb. 19   Retroviraler Vektor
Die gentechnische Herstellung eines retroviralen Vektors, der in der Gentherapie verwendet wird. Es ist das Ziel, die natürliche Eigenschaft des Virus, DNA in menschliche Zellen zu übertragen, zu erhalten, seine Vermehrungsfähigkeit hingegen auszuschalten, um die Gesundheit des Patienten nicht zu gefährden.

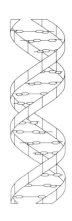

beschert worden. Die Methode ist, nahezu vollendet, ein Modell des grossen Lehrmeisters Natur. Nicht jeder begrüsst allerdings diese Eigenschaft. Hobbygärtner und Bauern ist dieses Bakterium unwillkommen, ist es doch verantwortlich für die Wurzelhalsgallenerkrankung bei vielen Gemüsearten, insbesondere bei diversen Kohlsorten.

Bereits 1907 erstmals beschrieben, wurde erst 1975 klar, durch welchen Mechanismus die Wurzelhalsgallenerkrankung entstehen kann. Agrobacterium tumefaciens besitzt ein natürliches Plasmid, das Ti-Plasmid. Dessen Vorhandensein steht in kausalem Zusammenhang mit der Infektiosität. Ein Agrobacterium ohne das sogenannte Ti-Plasmid ist nicht mehr infektiös. Nach dem Verursacherprinzip wurde dieses Plasmid Ti-Plasmid (engl.: tumor inducing) genannt.

Nicht die ganze DNA des Plasmids ist für die Infektion wichtig. Dieses Plasmid enthält ein sehr genau definiertes Stück DNA, die T-DNA (T steht hier für Transformation), die die Infektion in Pflanzen auslöst.

Ist das Gewebe einer Pflanze verletzt, so sendet sie Wundsignale durch die Ausscheidung von phenolischen Substanzen aus. Die Ausscheidung dieser organisch-chemischen Substanzen durch die Pflanze ist die Vorbedingung für eine Infektion durch das Bakterium.

An der Wundstelle bindet Agrobacterium tumefaciens an die Pflanze. Es erfolgt dann eine Übertragung der T-DNA, die nach strangspezifischem Schneiden durch bakterielle Enzyme als lineares DNA-Stück in die Pflanzenzelle übertragen und dort ins Genom integriert wird. Die T-DNA ist an jedem Ende von Grenzsequenzen (engl.: border sequences) flankiert. Es wird generell der gesamte Bereich der T-DNA zwischen und mit diesen Grenzsequenzen übertragen. Ist die T-DNA in die Pflanze übertragen, beginnt diese, gemäss der genetischen Information der T-DNA, Opine und Phytohormone zu produzieren. Das stört den Hormonhaushalt und die Zellteilung der Pflanze so nachhaltig, dass tumorartiges Wachstum an den infizierten Stellen einsetzt, die Wurzelhalsgalle. Agrobacterium zieht natürlich aus dem Gentransfer einen Vorteil: die Wurzelhalsgallen dienen ihm als reiche Kohlenstoff- und Stickstoffquelle, es sichert sich somit seine Versorgung.

Abb. 20   Gentransfer – von der Natur vorgegeben
Der Gentransfer durch Agrobacterium tumefaciens ist von der Natur vorgegeben. Es überträgt natürlicherweise einen bestimmten Teil seiner Plasmid-DNA auf Pflanzenzellen. Gentechnische Veränderungen haben es ermöglicht, diese Art des Gentransfers so zu präzisieren, dass bestimmte Gene in Kulturpflanzen übertragen werden können.

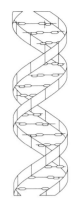

1. Agrobacterium tumefaciens

Wildtyp-T-DNA

2. + isolierte Fremd-DNA
(Bt-Toxingen
+ Markierungsgen)

3. «entschärftes», transformiertes Agrobacterium. Es enthält nun anstelle der infektiösen ursprünglichen Wildtyp-T-DNA das Bt-Toxingen sowie das Markierungsgen.

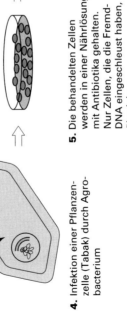

4. Infektion einer Pflanzenzelle (Tabak) durch Agrobacterium

5. Die behandelten Zellen werden in einer Nährlösung mit Antibiotika gehalten. Nur Zellen, die die Fremd-DNA eingeschleust haben, überleben.

6. Aufzucht der Zellen

7. Es entsteht eine transgene Tabakpflanze, die gegen Raupenfrass resistent ist.

Nachdem dieser Mechanismus verstanden war, folgte natürlich die gentechnische Anwendung (s. Abb. 20). Ti-Plasmide wurden umfunktioniert, um einen gezielten Gentransfer durchzuführen. Innerhalb der T-DNA kann ein anderes Gen in das Ti-Plasmid eingesetzt und mit dem oben beschriebenen Mechanismus übertragen werden. Gentechnisch wurde ein binäres Vektorsystem zwischen einem E. coli-Plasmid und einem Ti-Plasmid gebildet. Damit hat man die für die Gentechnik positiven Eigenschaften von beiden Systemen gentechnisch kombiniert. Das neue Plasmid enthält sowohl die DNA-Sequenzen des E. coli Replikationsstartes als auch den von A. tumefaciens. Dieses Plasmid kann zum einen in Agrobacterium und noch besser in E. coli vermehrt werden. Der Anwendungsbereich des Plasmids beschränkt sich auf Pflanzen.

II.1.6 Physikalische Methoden

Nicht alle Vektorsysteme können die DNA oder RNA selbst aktiv übertragen.

Für die Übertragung von unverpackter, nackter DNA sind deshalb verschiedene Methoden in Anwendung. Wir möchten hier die fünf gängigsten Modelle vorstellen.

II.1.6.1 Kalziumpräzipitations-Methode

Behandelt man Zellen, gleichgültig ob Bakterienzellen, Zellkulturen höherer Zellen oder einzelne Pflanzenzellen, mit feinkörnigem ausgefälltem Kalziumphosphat, dem DNA zugegeben ist, wird die DNA von den Zellen durch Endozytose aufgenommen. Obwohl diese Methode durchaus nicht neu ist und in der Bakteriengenetik seit langem Anwendung findet, ist man sich über den Mechanismus der Aufnahme nicht ganz im klaren. Immer wieder bewahrt die Natur ihre Geheimnisse vor uns, auch wenn wir glauben, in den Bereichen des Wissens bald an die Spitze der Pyramide gelangt zu sein.

Anwendungsbereich: Bakterienzellen, Zellkulturen höherer Zellen.

II.1.6.2 Elektroporation

Die Elektroporation ist ebenso wie die Kalziumpräzipitationstechnik seit langem in Anwendung. Man nimmt an, dass durch das elektrische Feld, dem die Zellen ausgesetzt werden, sich Poren der Zellmembranen

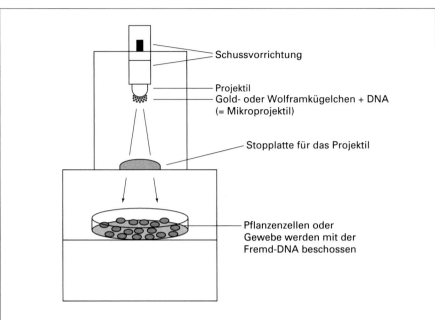

Abb. 21 Biolistischer Gentransfer
(Erläuterungen siehe Text)

leicht öffnen oder allgemein die Durchlässigkeit (Permeabilität) der Zellmembran vergrössert wird und die Plasmidvektoren die Zellmembran passieren können.

Anwendungsbereich: prokaryonte und eukaryonte Zellen.

II.1.6.3 Biolistischer Gentransfer

Dieser Gentransfer, publikumswirksam auch als Genkanone und mit dem englischen Fachwort des particle bombardement bezeichnet, beinhaltet das Beschiessen von Zellen mit DNA. Gold- oder Wolframkügelchen werden mit der DNA, die es zu übertragen gilt, beschichtet. Durch eine Spezialvorrichtung können dann diese Mikroprojektile auf die Zielzellen mit hoher Geschwindigkeit abgeschossen werden. Der Druck ist stark genug, um die Zellmembran zu durchschlagen, sodass die DNA in die Zelle gelangen kann. Die Zellverletzungen sind minimal, sodass die Zellen regenerieren können (s. Abb. 21).

Anwendungsbereich: pflanzliche Zellen.

II.1.6.4 Gentransfer durch Liposomen

Die Liposomen sind Fettkügelchen (Lipidvesikel) und gehören chemisch gesehen zu den Phospholipiden. Für einen Gentransfer können sie mit DNA beladen werden. Lipidvesikel haben die Eigenschaft, mit der ihnen chemisch verwandten Zellmembran zu interagieren in der Form, dass ihr Inhalt, in diesem Fall DNA, durch Endozytose in die Zelle aufgenommen wird.

Anwendungsbereich: eukaryonte Zellen und Gewebe.

II.1.6.5 Mikroinjektion

Die Mikroinjektion bietet das sicherste Verfahren, DNA in eine Zelle bzw. den Zellkern einzubringen. Man braucht dazu eine ruhige Hand und ein gutes Auge: Mit feinsten Glaskapillaren wird unter dem Mikroskop mit Hilfe einer Mikromanipulatorkontrolle die DNA direkt in eine Zelle injiziert. Diese Methode ist sicher, benötigt keine eigentlichen Vektoren, und die Menge der DNA kann genau dosiert werden. Diese Methode eignet sich natürlich nur für geringe Zellzahlen (s. Abb. 22).

Anwendung: im Prinzip alle eukaryonten Zellen, besondere Anwendung bei der Zucht von transgenen Tieren.

II.2   Wirtssysteme – Dort wird die kombinierte DNA vermehrt und die auf ihr codierte Information umgesetzt

Als Defintion des Klonierens haben wir oben geschrieben: Klonieren ist der Einbau eines Gens oder DNA-Abschnittes in einen Träger (Klonierungsvektor) und nachfolgende Vermehrung und Expression dieser DNA in einer geeigneten Wirtszelle.

Unter einer Wirtszelle versteht man die Zielzelle zum Einschleusen von Fremd-DNA. In der Gentechnik finden verschiedene Wirtssysteme Anwendung, je nach Anforderungen, die die Klonierung und Expression eines bestimmten Gens stellen. Hier möchten wir drei Wirtssysteme vorstellen, die in der Regel die gebräuchlichste Anwendung finden.

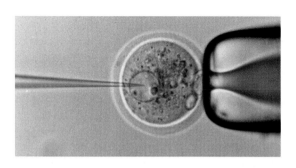

Abb. 22   Mikroinjektion
Mikroinjektion von DNA in den Vorkern einer Eizelle. Diese Eizelle, der ein Fremd-Gen
übertragen wurde, wird danach in ein scheinschwangeres Tier implantiert und zu einem
Jungtier ausgetragen. Hat ein Einbau des eingespritzten Gens stattgefunden, so ist ein
transgenes Tier entstanden.

II.2.1   Prokaryontes System (E.coli) – Systeme in Mikro-organismen niederer Ordnung

Eine Wirtszelle ist ein Mikroorganismus oder eine Zelle in Kultur, die in der Lage ist, einen Klonierungsvektor zu vermehren und zu exprimieren. Das bedeutet nichts anderes, als dass die Wirtszelle die eingeschleusten DNA-Sequenzen, die entsprechenden Enzyme und die zelluläre Infrastruktur und Bausteine für die DNA-Replikation, Transkription und Translation bereitstellen kann. Das bakterielle System von E. coli ist seit Jahrzehnten untersucht und bekannt und wird daher als Wirtssystem häufig benutzt. Wesentlich ist für eine gezielte Klonierung und Exprimierung die Möglichkeit der Regulation.

Diese kann auf verschiedenen Ebenen, nämlich der Ebene der Transkription und Translation erfolgen. Die erste und am häufigsten angewandte Regulation betrifft die der Transkription, also der Übersetzung von DNA in mRNA. Wird ein Gen oft transkribiert, so wird es auch häufig in das Genprodukt, das Protein übersetzt, und genau das ist es ja, was man mit dem Klonieren eines Fremd-Gens in einer Wirtszelle erreichen will: eine vermehrte Produktion des Genproduktes, des Proteins. Es kann aber geschehen, dass selbst der Einbau eines starken Promotors noch nicht für eine zufriedenstellende Produktion ausreicht. In diesem Fall muss noch ein Verstärkermechanismus auf der Translationsebene eingesetzt werden. Es ist bekannt, dass verschiedene mRNAs in Prokaryonten unterschiedlich stark translatiert werden. Dies ist abhängig von der Bindungsintensität der mRNA an die ribosomale RNA im Ribosom.

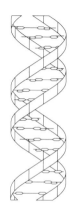

Daher gibt es Vektoren, die eine spezielle DNA-Sequenz tragen, die für eine hohe Bindung der mRNA zu der rRNA codiert (Translationsvektoren). Es ist kein Problem, prokaryonte DNA auf dem entsprechenden bakteriellen Plasmid, das die nötigen Startpunkte für die Replikation und Transkription aufweist, in einer bakteriellen Zelle zu exprimieren. Da aber gemäss unseren Anforderungen heute im industriellen Massstab nicht nur bakterielle, sondern auch und besonders eukaryonte Proteine, wie zum Beispiel das Interferon (s. S. 80) hergestellt werden sollen, ist es sehr positiv, auch Proteine eukaryonten Ursprungs in Bakterien herstellen zu können. Natürlich taucht die Frage auf: kann ein bakterielles, und damit ein prokaryontes Wirtssystem ein eukaryontes Gen exprimieren und als funktionelles Protein produzieren?

Der primäre Unterschied zwischen einer prokaryonten und einer eukaryonten Zelle ist die Kompartimentierung der Zelle. Ganz stark vereinfacht in Bezug auf die gentechnologischen Bedürfnisse ausgerichtet, ist die DNA einer prokaryonten Zelle frei im sogenannten Zellplasma, während die DNA der Eukaryonten zum einen in Chromosomen unterorganisiert und zum anderen im Zellkern eingebettet ist. Ausserdem sind Aufbau und Funktion der Zellorgane in Eukaryonten um einiges komplexer. Dies gestattet auch eine komplexere Expression der Gene. Das wirkt sich zum Beispiel in Modifizierungen von Proteinen aus, die nicht nur aus den Aminosäuren bestehen, sondern an ganz spezifischen Aminosäuren Zuckerreste (Glykosilierung), Phosphate (Phosphorylierung) oder andere chemische Reste (z.B. Methylierung) tragen. Diese Modifikationen beeinflussen die Funktion der Proteine und sind daher wichtig.

Wie wir bereits gelesen haben, sind die Gene eukaryonter Organismen strukturell anders organisiert als die der Prokaryonten. Während die Gene der Prokaryonten sich als Ganzes in funktionstüchtige mRNA überschreiben lassen, also keinem Spleissen unterworfen werden, sind die eukaryonten Gene in Exons und Introns unterteilt. Und nur die Exonsequenzen tragen die Information der gespleissten mRNA und des Genproduktes. Die eukaryonte mRNA liegt kurz vor der Translation im gespleissten Zustand vor. Die Exonsequenzen sind zu einer zusammenhängenden mRNA zusammengefügt. Wird diese gespleisste mRNA isoliert, so kann man sie mit dem Enzym Reverse Transkriptase behandeln. Dieses Enzym, aus RNA-Viren stammend, kann ja RNA in DNA überset-

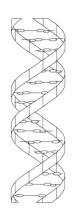

zen. Man nennt die von mRNA abgelesene DNA die cDNA (complementary DNA). Ein eukaryontes Gen, das in einem prokaryonten System exprimiert werden soll, liegt in der Regel in diesem Klonierungsvektor in der Form der cDNA vor.

Damit kann dieses Gen, sofern es in der prokaryontischen Zelle keine speziellen Ansprüche an eine Proteinmodifikation wie eine Methylierung, Phosphorylierung oder Glykosilierung stellt, in einem prokaryonten Wirtssystem wie E. coli exprimiert werden. E. coli lässt sich bestens kultivieren: riesige Fermenter mit einem Fassungsvermögen bis zu 3000 l sorgen für eine Aufzucht im Grossmassstab.

Wichtig für die Expression in E. coli ist, dass das Plasmid einen E. coli-eigenen Replikationsstart, Promotor und das Start-Codon für die Translation trägt, damit die bakteriellen Enzyme die Genregulation und Expression bewerkstelligen können.

Um sicher zu sein, dass das Plasmid in E. coli eingeschleust und exprimiert wird, ist auf jedem Plasmid ein Markergen eingebaut. Dieses Markergen ist in fast allen Fällen eine Antibiotikaresistenz. Ist das Plasmid übertragen und funktionieren alle regulatorischen DNA-Sequenzen, so wird das Bakterium, das dieses Plasmid trägt, resistent gegen ein bestimmtes Antibiotikum sein. Dies testet man, indem die transformierten Bakterien auf Agar-Platten mit Antibiotika-Zusatz ausplattiert werden. Nur diejenigen mit einer übertragenen Antibiotikaresistenz, also den Trägern des Plasmids, überleben, alle anderen Bakterien sterben ab. Die Überlebenden werden dann in verschiedenen Schritten bis zum Grossfermenter aufgezüchtet. Dieser Vorgang heisst Selektion.

II.2.2 Eukaryontes System (Hefe) – Systeme in Organismen höherer Ordnung

Die uns allen bekannte Bäckerhefe, Saccharomyces cerevisiae, aber auch die Molkereihefe Kluyveromyces lactis, vereinigt verschiedene Vorteile in sich: zum einen ist sie als Einzeller wie E. coli in Fermentern gut züchtbar, zum anderen aber ist sie kein Prokaryont mehr, sondern gehört der Welt der Eukaryonten an; genau gesagt gehört sie zu der Klasse der Schimmelpilze.

Sie ist molekularbiologisch bestens untersucht. Die gesamte DNA-Sequenz ist inzwischen bekannt. Zum Klonieren werden vor allem zwei hefeeigene Promotoren benutzt; ausserdem ist Hefe Träger eines natürlichen Plasmids. Da es ein eukaryonter Organismus ist, kann es, im

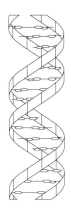

Gegensatz zum bakteriellen System, Modifikationen wie Glykosilierung (Anfügen von Zuckerresten) an einem Protein nach der Translation vornehmen (posttranslationale Modifikation). Hefe wird unter anderem zur gentechnischen Herstellung von Impfstoffen und Pharmazeutika verwendet.

Die gebräuchlichsten Vektoren bei der Hefe sind Plasmide und künstliche Chromosomen. Die künstlichen Hefechromosomen (Abkürzung YAC, yeast artificial chromosome) sind besonders für die Klonierung grosser DNA-Moleküle (grösser als 100 kb) geeignet. Sie werden bei den gegenwärtigen Bemühungen, das menschliche Genom zu entschlüsseln (Human Genome Project, HUGO), als Klonierungsvektoren benutzt. Die grosse Aufnahmekapazität ist für dieses Projekt besonders wichtig.

Bei der Konstruktion von diesen YAC's ging man von der Erkenntnis aus, dass ein Chromosom bei einer Zellteilung identisch vermehrt und an die Tochter-Zellen weitergegeben wird, sobald es drei wesentliche Elemente für die Zellteilung enthält: Replikationsstartpunkt (origin of replication), ein Centromer und ein Telomer. Centromer und Telomer sind bestimmte DNA-Abschnitte auf einem Chromosom. Centromere sind wesentlich für das Ansetzen der Spindelfasern bei der Zellteilung. Telomere sind die Enden der Chromosomen. Sie spielen eine Rolle bei der Replikation.

Die DNA-Sequenzen von Centromer und Telomer sind bei der Hefe bereits entschlüsselt, sodass diese DNA-Abschnitte synthetisch hergestellt werden konnten. Das künstliche Chromosom (Minimalgrösse 150 kb) verhält sich bei einer Zellteilung wie ein natürliches Hefechromosom, es wird genauso vermehrt und bei der Zellteilung weitergegeben. Hefen mit künstlichem Chromosom können durch spezielle Selektionsverfahren von den Hefen ohne dieses Chromosom aufgetrennt werden.

II.2.3 Säuger-Zellinien (CHO) – Systeme in Zellen von Säugern

Manche eukaryonten Proteine haben eine ausserordentlich vielfältige Modifikation nach der Translation. Die Gene dieser Proteine können daher nur vorzugsweise optimal in Säugerzellen exprimiert werden. Besonders wichtig ist eine korrekte Modifikation, wenn es sich um die gentechnische Herstellung von menschlichen Therapeutika handelt und die Modifikation für die optimale Wirkung dieser Therapeutika von Bedeutung ist. Für die komplizierten Bedürfnisse waren viele zum Teil sehr komplexe Konstruktionswege nötig. Nachfolgend wird eine stark vereinfachte Version beschrieben.

In der Regel stammen die regulatorischen Sequenzen der Vektoren für Säugerzellen von tierischen Viren.

Wir haben oben ja gelesen, dass Viren seit Millionen von Jahren als Edelparasiten die Zellen von Tieren und Menschen befallen. Sie müssen somit vollendet ausgerüstet sein, um ihre DNA vermehren und exprimieren zu lassen; dies kann nur geschehen, wenn die entsprechenden eukaryonten Startsignale auf DNA und RNA vorhanden sind. Gentechnisch haben die Wissenschaftler diese Sequenzen der Viren, die so bewährt sind, «ausgeborgt» und benutzen sie beim Herstellen von Vektoren für eukaryonte Zellen. Unser Beispiel für ein Säugerwirtssystem ist das der Zelllinie, die aus den Ovarien chinesischer Hamster gezüchtet wurde, abgekürzt CHO (Chinese Hamster Ovary)-Zellen. In diesem Zellsystem kann das Plasmid mit der klonierten Fremd-DNA und den eukaryonten Regulatormechanismen vermehrt werden, sowohl als Plasmid wie auch stabil eingebaut in das Genom der Wirtszelle. In diesem Zellsystem können auch stark modifizierte Proteine korrekt exprimiert werden.

Für alle Wirtszellen gilt der wissenschaftliche Ausdruck der DNA-Transformation, wenn Fremd-DNA in eine Zelle eingebracht und dauerhaft integriert wird.

III Methoden in der Gentechnik

III.1 DNA-Hybridisierung – Was zueinander passt, das bindet

Wird ein DNA-Doppelstrang zu Einzelsträngen entwunden, so geschieht dies in der Zelle, also in vivo, in der Regel durch Entwindungsproteine. Aber auch künstlich im Labor, also in vitro, kann man dies erzeugen. Durch einfache Temperaturerhöhung auf 95°C werden die Wasserstoffbrücken zwischen den Basen destabilisiert, dies führt dann in der Folge zur Auflösung der Doppelhelix zu Einzelsträngen. Diesen in vitro-Vorgang nennt man wissenschaftlich Denaturierung der Doppelstrang-

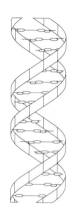

DNA. Senkt man nun in der in vitro-Reaktion die Temperatur wieder, so finden sich die komplementären Einzelstränge in der richtigen Paarung zum originalen Doppelstrang wieder. Dies ist die Renaturierung (auch Reassoziation genannt). Die Renaturierung und vor allem ihre Geschwindigkeit hängt von dem Anteil der Komplementarität zwischen den Basen ab. Grob vereinfacht verläuft die Renaturierung in zwei Schritten (s. Abb. 23). In der Reaktionslösung treffen die DNA-Einzelstränge zufällig aufeinander. Sind komplementäre Sequenzen im Bereich der sich treffenden Stränge, bildet sich ein kurzer doppelsträngiger Abschnitt, der sich dann reissverschlussartig über den Rest des komplementären Moleküls ausdehnt. Die Renaturierung beschreibt im Grunde nur das Wiederzusammenfinden von zwei komplementären Einzelsträngen, die vorher durch Denaturierung getrennt wurden. Die Erkenntnis aber, die man aus den Denaturierungs- und Renaturierungsvorgängen gewonnen hatte, führte dazu, dass man auch DNA-Einzelstränge verschiedener Herkunft im Reagenzglas miteinander reagieren liess. Lagern sich Einzelstränge verschiedener Herkunft, aber mit teilweise oder gar grösstenteils komplementären Sequenzen aneinander, um ein Doppelstrang-Stück zu bilden, so sprechen wir hier von einer Hybridisierung. Dieser Ausdruck ist sowohl für die Reaktion zwischen zwei DNA-Einzelsträngen verschiedener Herkunft als auch für die Reaktion zwischen DNA- und RNA-Strängen gültig. Je höher der Anteil der Basen-Komplementarität der beiden Einzelstränge, desto höher wird die Menge der hybridisierenden Basen, also das Bilden eines Doppelstranges sein. Der Grad, in dem zwei einzelsträngige Nukleinsäuremoleküle miteinander hybridisieren, verrät uns damit den Anteil komplementärer Basen in dieser DNA. Dies wiederum gibt uns Auskunft darüber, wie verwandt oder gar identisch zwei verschiedene Nukleinsäurestränge sind, die wir unter genau definierten Bedingungen hybridisieren lassen.

Hybridisierung bildet die Grundlage für viele Tests in der Diagnostik und ist in der Gentechnik das Basiselement für die Anwendung einer DNA-Sonde, die später besprochen wird.

III.2 DNA Sequenzierung – Bestimmung der Einzelabfolge der DNA-Bausteine

Die Entschlüsselung des genetischen Codes direkt am Ursprung, nämlich auf der Ebene der DNA, ist für einen Wissenschaftler immer ein besonderes Unterfangen.

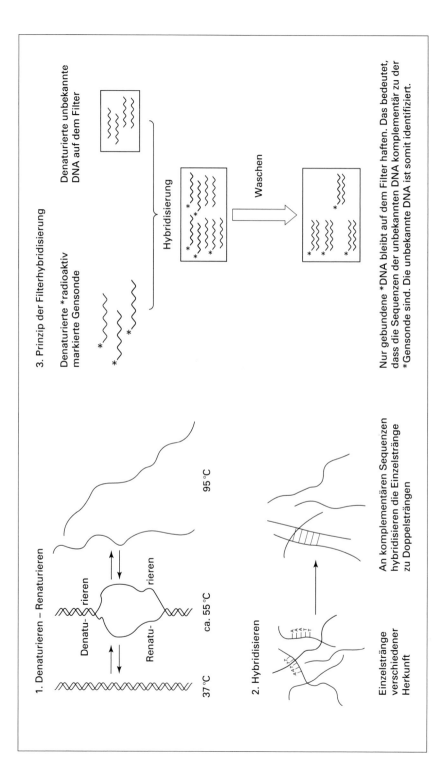

Abb. 23   DNA-Hybridisierung: Komplementäre Sequenzen finden zusammen

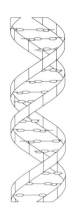

Kennt man die DNA-Sequenz, so kann man mit Hilfe der Kenntnisse über den genetischen Code auch die Aminosäurensequenz des codierten Genproduktes, des Proteins, direkt bestimmen. Daher sind Methoden zur Sequenzbestimmung der DNA wichtig.

Heute kann die Sequenzierung der DNA automatisch vor sich gehen, früher war es wirklich eine unglaublich mühsame, in den einzelnen Schritten sich wiederholende Angelegenheit. In diesem Abschnitt wollen wir die zwei der bedeutendsten DNA-Sequenzierungs-Methoden kurz vorstellen: die Sanger-Technik, die auf elegante Art und Weise den natürlichen Ablauf der Replikation als Mustervorlage für die Sequenzierung benutzt, und die sogenannte Maxam-Gilbert-Technik, die als Prinzip auf der chemischen Zerstörung von einzelnen Basen beruht.

Um genau zu sein, hat Sanger zwei Methoden für die Sequenzierung von Nukleinsäuren entwickelt. Hier soll diejenige aufgezeigt werden, die man die Didesoxy-Methode nennt.

Wir haben im Kapitel über die DNA-Replikation gelesen, dass von der DNA-Polymerase die Nukleotide in einer wachsenden DNA-Kette entsprechend dem gegenüberliegenden Strang, der Matritze, eingebaut werden. Benutzt man aber anstelle des natürlichen Vorläufers des Nukleotids einen chemisch modifizierten Vorläufer (2',3' DidesoxyNTP = 2',3' ddNTP), so kann nach dessen Einbau in die DNA-Kette kein weiteres Nukleotid mehr angehängt werden. An dieser Stelle entsteht ein Kettenabbruch, und die Base des endständigen Nukleotids ist das letzte Glied in dieser Kette. Für jede Base G, T, C oder A gibt es ein entsprechendes 2',3'-ddNTP. Gibt man zu dem Sequenzierungsgemisch, das DNA-Polymerase, Einzelstrang-DNA und die vier normalerweise notwendigen dNTPs enthält, zusätzlich ein ddNTP (z.B. ddTNP), so entsteht nach der Reaktion eine Serie von DNA-Ketten, die alle nach einem Didesoxy-T enden. Um alle 4 Basen zu bestimmen, werden natürlich vier verschiedene Reaktionsansätze verwendet, man erhält dann Kettenabbrüche verschiedener Länge mit den jeweiligen endständigen Basen.

Im Anschluss daran trennt man die in den jeweiligen Reaktionsansätzen vorhandenen DNA-Ketten verschiedener Länge elektrophoretisch über sehr fein auftrennende Acrylamid-Gele auf. Diese haben ein so hohes Auflösungsvermögen, dass sie Ketten mit einem Unterschied von einem Nukleotid voneinander trennen können. Sichtbar werden die Banden dadurch, dass eine der Basen pro Reaktionsansatz radioaktiv markiert ist. Sobald radioaktiv markiertes Material auf einen Röntgenfilm exponiert wird, wird dieser schwarz. Radioaktive DNA-Banden sind auf einem solchen Röntgenfilm als schwarze Banden zu erkennen.

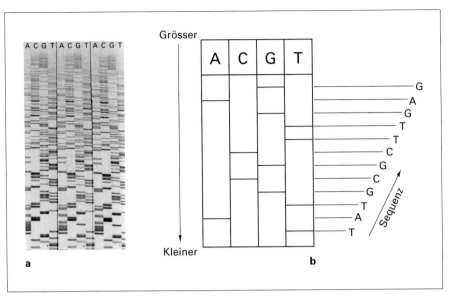

Abb. 24   DNA-Sequenzierung
Sequenzgelausschnitt einer DNA-Sequenzierung (24a). Dieser Ausschnitt eines Sequenz-
gels zeigt die Auftrennung der DNA-Stücke entsprechend ihrer Grösse. In den einzelnen
Versuchsansätzen mit den vier radioaktiv markierten verschiedenen Basen (A, C, G und T)
sehen wir das Bandenmuster der Nukleotide unterschiedlicher Längen. Dies wird auf einem
Röntgenfilm durch die Radioaktivität der Basen nach einer Autoradiographie sichtbar.
Im Schema 24b wird vereinfacht dargestellt, wie aus diesem Bandenmuster die Sequenz
bestimmt werden kann.

Ist zum Beispiel bei einer DNA-Kette die Base Adenin an den Positionen 45, 60 und 81, so erhält man auf dem Gel Banden in dieser Grösse. Damit ist klar, dass Adenin an diesen Positionen seinen Platz in der
Sequenz hat. Verwendet man anstelle des radioaktiven ddATP im Reaktionsansatz ein radioaktives ddGTP und erhält der Banden der Grösse
z.B. 76, 97 und 123, so heisst das, dass sich an diesen Stellen die Base
Guanin befindet.

So kann man die Positionen der einzelnen Basen direkt aufgrund der
Bandenpositionen bestimmen (heute macht dies der Computer in der
Auswertung) und danach die vollständige Sequenz der Basen auf der
DNA entschlüsseln. Bei der Sanger-Methode müssen wir noch die Kom-
plementarität der Basen berücksichtigen: wird A eingebaut, so war die
Vorlage auf dem Original-DNA-Strang natürlich T.

Die Maxam-Gilbert-Methode beruht, wie schon erwähnt, auf dem
chemischen Abbau von einzelnen Basen. Zuerst muss eines der Enden

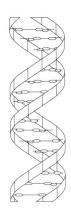

der DNA radioaktiv markiert werden. Dann findet, in 4 verschiedenen Reaktionsgefässen, der spezifische Basenabbau statt.

Für jede Base gibt es eine bestimmte organisch-chemische Reaktion, die diese Base spezifisch zerstört und damit, nach einer weiteren chemischen Reaktion, einen Bruch in der DNA-Kette verursacht. Wieder erhält man DNA-Fragmente, die, nach einer DNA-Gelelektrophorese, ihrer Grösse nach sehr genau bestimmt werden können. Wieder kann dann das Puzzle zusammengesetzt und die Sequenz aus den endständigen Basen nach den DNA-Fragmenten in der Elektrophorese bestimmt werden (s. Abb. 24).

Aus der Sequenz der Basen auf der DNA lässt sich dann die Zusammensetzung des zugehörigen Proteins bestimmen. Da die DNA-Sequenzierung schneller abläuft als die der Proteinsequenzierung, ist die Proteinsequenz heute oft rascher durch eine DNA-Sequenzierung als durch eine Proteinsequenzierung bestimmbar. Die DNA-Sequenzierungstechnik wurde so vervollkommnet, dass heute bereits mehrere Organismen vollständig sequenziert worden sind, so zum Beispiel mehrere Bakterien und Hefe. Das menschliche Genom soll bis zum Jahre 2005 vollständig sequenziert sein.

III.3 Gen-Bank und Gen-Sonde – Finde das Gen, das Du suchst!

Eine Gen-Bank oder, mit dem englischen Fachausdruck, genome library, ist eine willkürliche Verteilung von Fragmenten eines gesamten Genoms auf entsprechende Vektoren. Als Beispiel für einen solchen Genom-Tresor sei hier der Phage Lambda erwähnt. Das gesamte menschliche Genom ist durch Restriktionsenzyme in bestimmte Abschnitte geschnitten und in die DNA von Millionen von diesen Phagen integriert worden. Um eine bestimmte Gensequenz aus diesem Pool von Genom-Abschnitten zu identifizieren und isolieren, benutzt man eine Technik, die im Prinzip der Hybridisierung entspricht, im allgemeinen Gebrauch aber den Namen der Gen-Sonde oder DNA-Sonde erhalten hat. Mit einer gezielten Gen-Sonde, einer kurzen DNA-Sequenz, hat man die Möglichkeit, unter den Millionen von Phagen denjenigen herauszufischen, der das gesuchte menschliche Gen trägt. Dies ist möglich, weil ja komplementäre DNA-Stränge das Bestreben haben, sich zusammenzulagern. Wiederholen wir noch einmal: Komplementarität bedeutet die Zusammenlagerung der komplementären

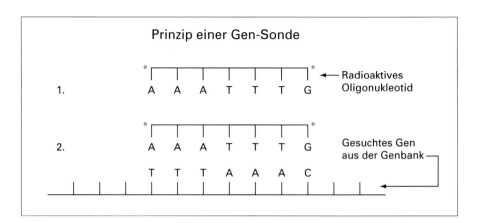

Prinzip einer Gen-Sonde

1.

```
        *                         *
         ┬───┬───┬───┬───┬───┬      ←── Radioaktives
         A   A   A   T   T   T   G     Oligonukleotid
```

2.

```
        *                         *
         ┬───┬───┬───┬───┬───┬
         A   A   A   T   T   T   G      Gesuchtes Gen
                                        aus der Genbank ┐
         T   T   T   A   A   A   C                      │
```

Abb. 25   Prinzip einer Gensonde
1. Das gesuchte Gen ist indirekt durch die Aminosäuensequenz des Proteins in seiner Basensequenz bekannt. Entsprechend dieser Sequenz werden Oligonukleotide, die zu Teilen dieser DNA komplementär sind, synthetisch hergestellt. Diese Oligonukleotide (im Einzelstrangstadium) sind radioaktiv markiert.
2. Die DNA von einem Organismus, z.B. des Menschen, wird unter bestimmten Versuchsbedingungen auch in das Einzelstrangstadium gebracht. In einer Hybridisierungsreaktion binden nur die komplementären Einzelstränge aneinander. Bindet das radioaktive Oligonukleotid an sein komplementäres Gegenstück der menschlichen DNA, kann das gesuchte Gen identifiziert und isoliert werden.

Basen von Einzelsträngen zum Doppelstrang. A paart sich mit T und G mit C. Besitzt eine Sonde die Sequenz AAATTTG, so wird sie vorzugsweise den ihr komplementären Strang, nämlich TTTAAAC, binden, sofern dieser in der Gen-Bank vorhanden ist (s. Abb. 25).

DNA-Sonden, in der Form von Oligonukleotiden, sind oft auch synthetisch hergestellt, da von einer bekannten Sequenz ausgegangen wird, und, damit man sie auch identifizieren kann, radioaktiv markiert.

Um die an die Gen-Sonde bindende DNA zu identifizieren und damit auch den Phagen zu ermitteln, der möglicherweise das ganze gewünschte Gen in seiner DNA trägt, geht man folgendermassen vor:

Die aus der Gen-Bank entnommene DNA wird denaturiert, also in den Einzelstrang-Zustand gebracht, entweder durch Hitze oder chemische Einwirkung (starke basische Lösung). Die Einzelstränge werden immobilisiert, das heisst sie werden an einen Filter oder eine Membran aus Nitrocellulose oder Nylon gebunden. Das radioaktiv markierte Oligonukleotid, unsere Gen-Sonde, wird unter geeigneten Versuchsbedingungen, die eine Zusammenlagerung zum Doppelstrang erlauben, dazugegeben. Findet die Sonde komplementäre Sequenzen, so

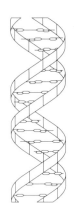

wird sie unweigerlich binden, und damit ist der Filter an dieser definierten Stelle radioaktiv markiert. Findet die Gen-Sonde keine komplementären Sequenzen, so wird die radioaktive DNA im nächsten Reaktionsschritt ausgewaschen und der Filter bleibt unmarkiert. Im Falle einer Bindung allerdings enthält der getestete Phage die DNA, die komplementär zu unserer Sonde ist und damit zumindest einen Teil des gesuchten Gens enthält. Man kann sich vorstellen, dass eine solche Suche oft langwierig ist und eine Unmenge Geduld und Wissen erfordert, bis man mit der Sonde tatsächlich das gesuchte Gen identifizieren und isolieren kann.

III.4 PCR-Methode – Aus wenig erhalte viel: DNA-Vermehrung im Automaten

Um erfolgreich klonieren zu können, muss die Ziel-DNA erst einmal in gewissen Quantitäten vorhanden sein. Gerade aber bei menschlichen Genen kann es ausserordentlich schwierig sein, überhaupt genügend DNA für das Startexperiment zusammenzubringen. 1986 wurden die Forscher wahrhaft erlöst, den kleinsten Spuren der gewünschten DNA hinterher zu experimentieren. K. Mullis erfand eine Methode, DNA ohne Klonierung zu vermehren, und zwar aus marginalen DNA-Mengen. Das Prinzip ist so einfach, dass sich mancher etablierte Wissenschaftler bei der Publikation dieser Methode fragte, wieso er selber nicht schon lange auf diese Idee gekommen war.

Es ist das Ziel, eine in geringsten Mengen vorliegende doppelsträngige DNA zu vermehren, so wie es bei der Replikation der DNA der Fall ist. Das heisst, die beiden komplemtnären Einzelstränge werden in einem bestimmten Abschnitt gleichzeitig vermehrt. Für eine effiziente Anwendung der Methode ist es wichtig, Teile der Sequenz der DNA zu kennen.

Damit die DNA im Einzelstrang-Stadium vorliegt, wird sie einer Temperaturerhöhung ausgesetzt. Wir haben vorhergehend gelesen, dass bei 95°C DNA im Einzelstrang-Stadium vorliegt. Die isolierte DNA-Polymerase benötigt aber, um ihre Arbeit zu beginnen, ein bestimmtes Starter-Molekül auf der DNA, den Primer. Für die erfolgreiche Durchführung der PCR benötigt man für jeden abzulesenden Strang einen gesonderten Primer. Dieser Primer trägt solche Sequenzen, die den Abschnitten der zu vervielfältigenden Region komplementär sind und sich am 3'-Ende des jeweiligen Stranges anlagern. In der Regel ist ein

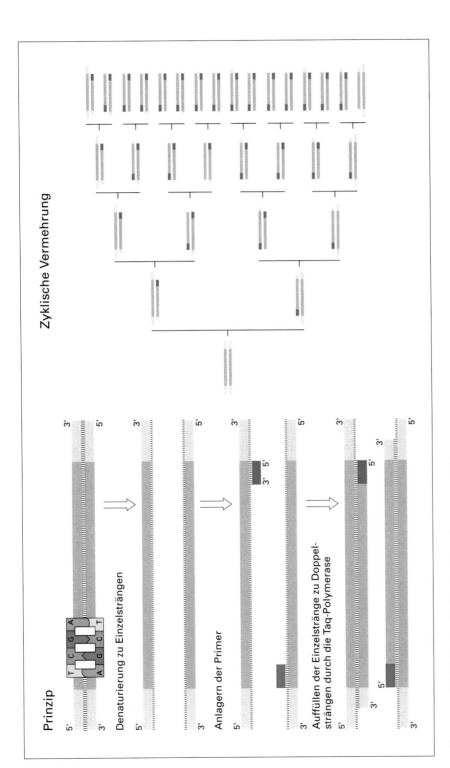

Abb. 26   PCR-Methode – Zyklische Vermehrung von DNA

Primer 20 Nukleotide lang. Wir sehen nun, warum es wesentlich ist, Teile der Sequenz der zu vermehrenden DNA zu kennen: um einen geeigneten Primer für den Start der Reaktion zu liefern.

In der Reaktionslösung für eine PCR befinden sich die DNA, ein Überschuss an Primern, die DNA-Polymerase sowie die Grundelemente der DNA, die vier verschiedenen Nukleotide.

Wird die Lösung langsam abgekühlt, so lagern sich die komplementären DNA-Sequenzen einander an, schliesslich hybridisieren sie. Die komplementären Primer mit einer Länge von 20 Nukleotiden lagern sich dem 3'-Ende der DNA-Einzelstränge an. Jetzt beginnt die Polymerase mit ihrer Tätigkeit und synthetisiert den Einzelstrang zum Doppelstrang auf. Da sie an jedem Strang vom 3'-Ende her, also in «ihrer» Arbeitsrichtung synthetisieren kann, erhalten wir bei dieser Reaktion nur durchgehende DNA-Moleküle und keine Okazaki-Fragmente. Sind alle vorhandenen Einzelstränge zu Doppelsträngen aufgefüllt worden, ist der erste Zyklus beendet. Das Spiel kann von neuem beginnen. Wieder wird die Temperatur auf 95°C erhöht, wieder wird abgekühlt, wieder hybridisieren die Primer an die DNA, und wieder beginnt die Polymerase mit ihrer Tätigkeit. Jetzt liegen anstelle von einem Doppelstrang schon 4 Kopien des von den Primern eingegrenzten DNA-Bereiches vor. Beim nächsten Zyklus werden es 8 sein, dann 16, und so fort. Die DNA wird, mathematisch gesehen, exponentiell vermehrt. Die Reaktion läuft solange ab, bis das Enzym nicht mehr alle Primer «bedienen» kann.

Anfänglich wurde für diese Reaktion die DNA-Polymerase aus E. coli benutzt. Da aber dieses Enzym naturgemäss bei 37°C am besten arbeitet und bereits bei 41°C denaturiert, verliert es in jedem Zyklus bei der Temperaturerhöhung seine Funktionstüchtigkeit und musste zu Beginn eines neuen Zyklus stets neu zugegeben werden. Das liess keine vollständige Automatisierung zu. Erst als aus Geysiren ein «feuerfestes» Enzym, die Taq-Polymerase (von dem Bakterium Thermus aquaticus) isoliert wurde, konnte die PCR voll automatisiert durchgeführt werden. Die Taq-Polymerase hat ein Funktionsoptimum bei 71°C und übersteht die Erhitzungsphase auf 95°C problemlos. In der vollständigen Automatisierung können bis zu 25 Zyklen hintereinander durchgeführt werden (s. Abb. 26). Der anfänglich in einfacher Kopie vorliegende Doppelstrang ist dann ca. 4 Millionen Mal kopiert. Wenn die PCR auch das Mengenproblem der vorhandenen DNA löst, sie hat auch ihre Grenzen: die Länge der DNA-Sequenz, die man vermehren möchte, ist aus technischen Gründen auf einige kb begrenzt. Die zweite Einschränkung der

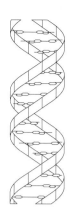

Methode ist die hohe Fehlerrate im Verlauf der Zyklen. Erinnern wir uns: bei der Replikation in Eukaryonten beträgt die Fehlerrate des Baseneinbaus lediglich 1 in 3 Milliarden Basen. Bei der PCR liegt sie hingegen bei einem Fehleinbau in 20 000 Basen. Dies liegt daran, dass die eukaryonten Polymerasenkomplexe ein Proofreading durchführen, die Taq-Polymerase kann dies nicht. Wir sind also im Wettlauf mit der Natur viel schlechter: Unsere in vitro Replikation begrenzter Sequenzen ist um vieles fehlerhafter als die Natur bei der Replikation des ganzen Genoms.

Dennoch ist die PCR heute vollkommen unentbehrlich in der Diagnostik, der Grundlagenforschung, der Forensik und auch in der molekularen Archäologie.

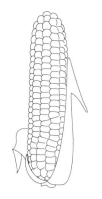

Praxis

IV   Gentechnik in Medizin und Forschung

IV.1   Das erste Klonierungsexperiment

1973 nennt man gemeinhin das Geburtsjahr der Gentechnik. Richtig ist, dass in diesem Jahr zum ersten Mal die Rekombination von DNA verschiedener Herkunft und deren Klonierung gelang. Aber die Erkenntnisse der Jahre vorher, nämlich die Entschlüsselung des genetischen Codes, die Entdeckung der Restriktionsenzyme und anderes mehr waren unabdingbare Vorläufer dieses Experimentes. Bereits die von Gregor Mendel aufgestellten Gesetze der Vererbung implizierten, dass allen Organismen ein und derselbe Mechanismus zugrunde liegen muss, denn ebenso wie der genetische Code sind Mendels Gesetze für alle Organismen gültig.

Was war das für ein Experiment, das in der alten und neuen Welt für Aufregung sorgte, das die Wissenschaft aus dem Elfenbeinturm in die Schlagzeilen rückte?

Das erste Klonierungsexperiment, das zu einer rekombinanten DNA führte, also die DNA-Moleküle verschiedener Herkunft miteinander vereinigte, wurde 1973 von S. Cohen und H. Boyer mit ihren Mitarbeitern durchgeführt. Wesentliche Vorarbeiten zu diesem Experiment wurden 1972 von P. Berg und seinen Mitarbeitern geschaffen.

Wie viele wichtigen Experimente, besticht auch das erste Klonierungsexperiment durch seine Klarheit und Logik.

Ausgangs-DNA waren zwei Plasmide unterschiedlicher Herkunft:

Das eine war ein E. coli Plasmid, pSC101, und trug die Information, die nötig war, um sich zu replizieren und gegen das Antibiotikum Tetracyclin resistent zu sein. Das zweite Plasmid, RSF 1010, hingegen stammte ursprünglich aus dem Bakterium Salmonella thyphimurium und war neben den nötigen Replikationssequenzen Träger einer Streptomycin-Resistenz.

Jedes dieser Plasmide wies eine Schnittstelle für das Restriktionsenzym EcoRI auf. Das bedeutet, als ringförmiges Molekül wurde jedes dieser Plasmide durch EcoRI aus der Ringform zu einem linearen DNA-Molekül gespalten. Wie im vorderen Teil bereits besprochen, bildet die Schnittstelle von EcoRI «sticky ends», die gegenseitig komplementär sind. Sie lagern sich in einer Hybridisierungsreaktion aneinander, formen Wasserstoffbrücken aus und werden schliesslich durch das Enzym Ligase kovalent zu einem durchgehenden Doppelstrang verbunden. Aus den zwei Plasmiden war also durch gezieltes Schneiden mit demselben Restriktionsenzym und Ligierung ein rekombinantes Plasmid entstanden. Mit diesem DNA-Konstrukt wurden E. coli-Zellen transformiert. Um definitiv zu beweisen, dass das neue Plasmid in E. coli vermehrt und exprimiert wird, musste nach solchen Bakterien-Klonen gesucht werden, die eine doppelte Antibiotika-Resistenz aufwiesen, nämlich diejenige gegen Tetracyclin und Streptomycin. In einem Selektionsexperiment wurde nach diesen Bakterien gesucht, indem man die Bakterien auf Nährplatten, die beide Antibiotika enthielten, ausplattierte. Nur die Bakterien mit einem erfolgreich verlaufenen Plasmidtransfer und einem funktionierenden Plasmid konnten dies überleben. Bakterien, die auf den Selektionsplatten noch wuchsen, wurden darauf molekularbiologisch untersucht. In ihnen fand man das rekombinante Plasmid, nun pSC109 genannt, dessen Grösse genau der Addition von den Ausgangsplasmiden entsprach. Nach einer Behandlung mit EcoRI erhielt man, wie zu erwarten war, zwei lineare DNA Moleküle, die in einer Gelelektrophorese genau den Ausgangsmolekülen pSC101 und RSF1010 entsprachen.

Das Fazit dieses so einfach klingenden Versuches war, dass es möglich ist, DNA verschiedener Herkunft mit Restriktionsenzymen zu schneiden und die entstehenden Fragmente zu neuen, biologisch funktionierenden DNA-Molekülen zu rekombinieren. Der Schritt der Verknüpfung ist reversibel. Durch die Behandlung mit den entsprechenden Restriktionsenzymen kann die rekombinante DNA wieder in ihre vorherigen Ausgangsteile «zerlegt» werden.

Dieses Experiment hatte eine Revolution in den biologischen Wissenschaften zur Folge.

Nicht mehr nur Experimente mit prokaryonter DNA, sondern auch die Klonierung eukaryonter DNA wurde Wirklichkeit. Ein Tor war aufgestossen, um viele ungeklärte Fragen in den molekularen Bereichen zu untersuchen.

IV.2 Anwendung in Diagnostik und Medizin

IV.2.1 Anwendung der PCR-Methode

Die Bedeutung der PCR sowohl im Bereich gentechnischer Experimente als auch in zusätzlichen Bereichen von Molekularbiologie und Biotechnologie ist gross. Die neuen Erkenntnisse auf dem molekularen Niveau, sei es bei der Ursachenforschung von Krankheiten, genetischer Grundlagenforschung oder bei Nachweismethoden, sind durch die PCR-Methode lawinenartig angewachsen. Wir wollen hier drei Anwendungsbeispiele bringen, die allesamt verdeutlichen, wie wesentlich zuerst einmal das Vorhandensein genügender Nachweismengen von DNA ist. Marginal vorhandene DNA kann durch die PCR zu den gewünschten Mengen angereichert werden, oder auch, in der Wissenschaftssprache, amplifiziert werden.

Als Anwendungsbeispiele haben wir den HIV-Test, den DNA-Fingerprint zum Täter- oder Vaterschaftsnachweis in der Forensik und die DNA-Untersuchungen in der molekularen Archäologie gewählt, wobei letztere im Schlusskapitel beschrieben sind.

IV.2.1.1 HIV-Test

Der beschriebene HIV-Test (s. Abb. 27) wurde von der Hoffmann-La Roche in Basel entwickelt und zeigt neben der Anwendung der PCR auch die Anwendung von Hybridisation in der Diagnostik.

Dieser Test läuft folgendermassen ab: Von einer Blutprobe des Patienten werden die Leukozyten (weisse Blutkörperchen) und im Anschluss daran deren DNA isoliert. Liegt eine Infektion mit HIV vor, so enthält die Leukozyten-DNA auch noch virale HIV-DNA. Die aus den Leukozyten isolierte DNA wird im PCR-Automaten amplifiziert. Primer für die Reaktion sind natürlich DNA-Stücke (Oligonukleotide) mit bekannten Sequenzen der HIV-DNA. Nach dem Auftrennen der DNA in Einzelstränge durch die Temperaturerhöhung auf 95°C «suchen» die Primer «ihre» komplementären DNA-Sequenzen. Sie können aber nur dann in der Reaktionslösung gefunden werden, wenn eine HIV-Infektion vorliegt. Liegt keine Infektion vor, lagern sich die Primer nicht an, und es findet keine PCR-Amplifizierung der HIV-DNA statt. Liegt eine Infektion vor, ist HIV-DNA in der Lösung präsent, so lagern sich die Primer beim Abkühlen an «ihre» Sequenzen. Darauf kann die Taq-Polymerase mit der Arbeit beginnen. Nach einer Reihe

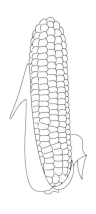

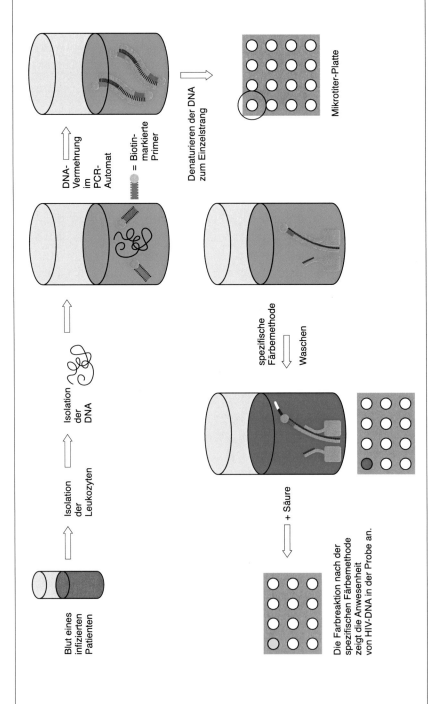

Abb. 27 Schema des HIV-Tests

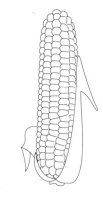

von Reaktionszyklen ist genügend HIV-DNA amplifiziert worden, um einen sicheren Nachweis zu erbringen. Die DNA-Menge ist dann so gross, dass man in der Regel beim Nachweis auf Experimente mit Radioaktivität verzichten kann und sich einfacher Färbemethoden bedient.

Beim angesprochenen Test geschieht der Nachweis wie folgt: Die Primer-Moleküle sind bei der Synthese noch zusätzlich mit einem Biotinmolekül verkoppelt. Dies beeinflusst nicht im geringsten die Aktivität der Taq-Polymerase während der PCR-Zyklen. Sind die PCR-Zyklen beendet, wird die amplifizierte DNA auf spezielle Platten gegeben. Diese Mikrotiterplatten sind Vorrichtungen für eine Hybridisierung. An ihnen ist nämlich schon einzelsträngige HIV-DNA angeheftet. Gibt man nun die amplifizierte DNA, ebenfalls in Einzelstrang-Form, dazu, und handelt es sich um DNA von einem infizierten Patienten, so werden sich unter den Reaktionsbedingungen in dieser Mikrotiterplatte wiederum die komplementären Sequenzen suchen und finden. Nach einer gewissen Reaktionszeit werden die Mikrotiterplatten mit Speziallösungen gewaschen, wobei nicht-gebundene DNA (in diesem Fall Nicht-HIV-DNA) ausgewaschen wird. Danach wird eine Färbemethode angewandt, die das Biotin-Molekül speziell erkennt und anfärbt. Da die HIV-Primer mit Biotin markiert waren, ist nun die gebundene DNA, die HIV-DNA, angefärbt und kann als eindeutiger Nachweis für das Vorhandensein von HIV-DNA, also einer vorliegenden Infektion angesehen werden. Die Präzision des Nachweises ist enorm: die virale DNA ist bereits nachweisbar, wenn nur 1 in 10 000 Leukozyten infiziert ist!

IV.2.1.2 PCR in der Forensik

Die PCR hatte, wie kaum eine andere Methode der Molekularbiologie, sehr rasch einen grossen öffentlichen Bekanntheitsgrad. Dies kam nicht zuletzt durch den Einsatz in der Gerichtsmedizin (Forensik). Bislang ungeklärte Fälle konnten mit 99.9% Sicherheit gelöst werden, denn die PCR ermöglichte es neben anderen Beweismitteln, durch die Amplifizierung winziger Mengen von DNA den Täter zu überführen. Wie kann das möglich sein? Was ist an der DNA eines Menschen so einmalig, dass er zweifelsfrei von einem anderen zu unterscheiden ist? Als einmaliges individuelles Erkennungsmerkmal eines Menschen kennen wir den Fingerabdruck unserer Fingerkuppen. Ebenso einmalig ist der sogenannte genetische Fingerabdruck (engl.: DNA-fingerprint) eines

jeden Menschen. Auch dieser ist individuell von Mensch zu Mensch verschieden.

Wenn aber die Bauanleitung, also letzlich die DNA-Sequenz für die Proteine unseres Körpers bei allen Menschen im wesentlichen gleich ist, was macht dann den individuellen Unterschied aus?

Bei uns Menschen ist die gesamte Erbinformation, unser Genom, auf insgesamt rund drei Milliarden Nukleotiden codiert. Allerdings nehmen die sogenannten codierenden Sequenzen nur etwa 5–8% davon in Anspruch. Wozu dienen dann die restliche 92–95%? Schleppen wir diese als evolutionären Ballast mit uns herum? Aus Mangel an Wissen nannte man früher diese Sequenzen «stumme DNA» (engl.: silent DNA). Aber inzwischen sind Teile dieser DNA «sprechend» geworden. Gewisse Abschnitte auf unserem Genom kehren in bestimmter Reihenfolge immer wieder, sind in mehrfachen Wiederholungen (engl.: repeats) vorhanden, und zwar häufig als flankierende Begleiter der codierenden Gene. Dieser Umstand verlieh der DNA den Namen Satelliten-DNA. Und diese Satelliten-DNA ist bei jedem Individuum einzigartig, genauso wie ein Fingerabdruck der Fingerkuppe. Wird diese Satelliten-DNA mit mehreren Restriktionsenzymen verdaut, so entsteht ein für jeden Menschen charakteristisches Bandenmuster, wenn die DNA durch Elektrophorese auf einem Agarose-Gel aufgetrennt wird. Wie bereits oben beschrieben, kann man die aufgetrennten DNA-Banden durch Anfärben sichtbar machen. Dieses charakteristische Banden-Muster der verdauten Satelliten-DNA nennt man den genetischen Fingerabdruck. Anwendung findet dieser natürlich bei der Frage eines Vaterschafts- oder Mutterschaftsnachweises.

Eine ebenso eindeutige Beweisführung kann im Fall von Verbrechen (s. Abb. 28) geführt werden. Kleinste Mengen von DNA, entweder aus Sperma, Blut (1 µl) oder sogar einer Haarwurzel des Täters beim Opfer genügen, um DNA daraus zu isolieren. Durch die PCR vermehrt, kann sie dann zum genetischen Fingerabdruck verwendet werden. Bei allen Untersuchungen aber muss mit äusserster Sorgfalt gearbeitet werden, um eine Verunreinigung mit der DNA Dritter auszuschliessen. Denn auch diese würde in der PCR vermehrt und würde ein unkorrektes Bild der Untersuchung wiedergeben.

IV.2.2   Der Chip und das Gen

Parallel zur Revolution in der Molekularbiologie lief auch die Revolution in der Halbleiterindustrie. Jetzt haben beide Technologien zu-

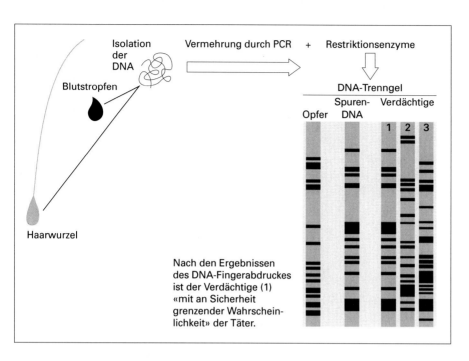

Abb. 28   PCR in der Forensik: Täterschaftsnachweis

sammengefunden: auf einem speziell behandelten Glas-Chip, der nicht grösser als knapp zwei Quadratzentimeter ist und bis zu 64 000 winzige quadratische Testfelder aufweist. Was bei der Mikroelektronik der Halbleiter, ist bei dem Gen-Chip die DNA, Träger der Erbinformation. Die normalerweise als Doppelstrang vorliegende DNA ist hier als Einzelstrang in kurzen Stücken (Oligonukleotid, das ca. 25 Nukleotide lang ist) auf die Mikrofelder des Chips geheftet (s. Abb. 29). Wozu? Um die Sequenzvariationen auf dem DNA-Niveau so rasch wie möglich bestimmen zu können, und dies mit Hilfe der Hybridisationtechnik.

Ein Beispiel ist die Kontrolle für den Verlauf einer AIDS-Erkrankung in Bezug auf die Resistenzentwicklung gegen die eingeschlagene Therapie. Denn das AIDS-Virus besitzt zwei Enzyme, die ihm das besondere Infektionspotential verleihen. Diese Enzyme sind Angriffsziele der medikamentösen Behandlung. Allerdings entzieht sich das Virus immer wieder diesem Zugriff, indem es in denjenigen Genen mutiert (= die DNA-Sequenz ist verändert), die für diese beiden Enzyme die Bauanleitung tragen. Dadurch wird es häufig resistent gegen die eingesetzten Medikamente, die dann unwirksam werden.

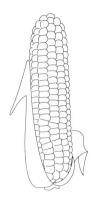

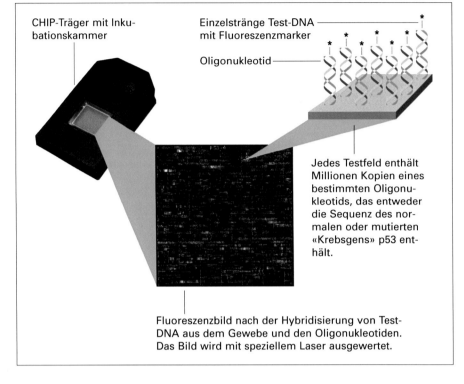

CHIP-Träger mit Inku-
bationskammer

Einzelstränge Test-DNA
mit Fluoreszenzmarker

Oligonukleotid

Jedes Testfeld enthält
Millionen Kopien eines
bestimmten Oligonu-
kleotids, das entweder
die Sequenz des nor-
malen oder mutierten
«Krebsgens» p53 ent-
hält.

Fluoreszenzbild nach der Hybridisierung von Test-
DNA aus dem Gewebe und den Oligonukleotiden.
Das Bild wird mit speziellem Laser ausgewertet.

Abb. 29   Der Chip und das Gen – Elektronik und Gentechnik

Per Chip kann man die DNA-Sequenzveränderungen in den Genen, die für diese Enzyme codieren, sichtbar machen. Wenn diese Veränderungen (Mutationen) in den Enzymgenen mit dem Verlauf der Krankheit und Behandlung in Einklang gebracht werden können, so erhofft man sich eine zielgerichtete Therapiemöglichkeit. Basierend auf einer Technologie, die von der kalifornischen Firma Affymetrix entwickelt worden ist, konnte die Gen-Chip Technik zur Identifikation von Mutationen in HIV-Genen in bereits über 20 Laboratorien getestet werden.

Auch in der Tumormedizin wird der Chip eingesetzt. Die Firma OncorMed in der Nähe von Washington D.C. testet zur Zeit zusammen mit Affymetrix einen Gen-Chip für das als «Krebs»-Gen bekannte p53-Gen. Dieses Gen ist bei fast 60% aller Krebsarten gegenüber dem gesunden Gewebe in seiner codierenden Sequenz verändert und hat dadurch seine «tumorunterdrückende» Funktion verloren.

Wie ist die Funktionsweise des Gen-Chips, z.B. im Falle des p53-Gens?

Aus den Zellen einer Gewebeprobe wird die DNA, das Erbgut, iso-liert. Die DNA wird mit sogenannten Restriktionsenzymen behandelt, dadurch entstehen bestimmte Genfragmente, die auch Sequenzen des p53-Gens enthalten. Mit der Polymerase-Ketten-Reaktion werden die p53-Genfragmente spezifisch millionenfach angereichert und mit einem Fluoreszenzfarbstoff markiert.

Die quadratischen Mikrofelder des Gen-Chips sind mit Sequenzen des normalen und veränderten p53-Gens beladen, und zwar mit klei-nen Bruchstücken des Gens (Oligonukleotide) mit einer Länge von 20–25 Nukleotiden.

Sowohl die Test-DNA des Gewebes wie auch die Chip-DNA sind unter den gewählten Bedingungen einzelsträngig. Die Test-DNA mit dem angekoppelten Fluoreszenzmarker wird auf den Chip gegeben. Unter den gewählten Hybridisationsbedingungen binden nur die kom-plementären DNA-Einzelstränge aneinander. Je höher das Ausmass der Komplementarität zwischen Test-DNA und der p53-DNA auf dem Chip, desto besser binden sie aneinander und umso stärker ist das fluoreszie-rende Signal auf dem Chip. Die schachbrettartigen Felder des Chip wer-den dann mit dem Laserscanner geprüft, er macht das Testergebnis sichtbar, indem er für die verschiedenen Felder den Hybridisierungs-grad in Form von Lichtintensität wiedergibt. Basierend auf dem ent-standenen Fluoreszenzmuster und der Tatsache, dass die DNA-Sequenz der Chip-DNA mit der normalen und mutierten Form des p53-Gens in den einzelnen Testfeldern bekannt ist, kann rasch und sicher geprüft werden, ob die DNA aus dem Tumorgewebe mutiert ist oder normal.

So ist es möglich, Veränderungen im p53-Gen aus Gewebeproben von Tumoren rasch zu diagnostizieren. Es besteht dadurch wiederum die Hoffnung, dass die genetische Veränderung mit Krankheitsverlauf und Behandlung in Einklang gebracht werden kann und somit eine zielgerichtetere Krebsbehandlung möglich werden wird.

Nicht nur zur Bestimmung von genetischen Veränderungen auf der Stufe der DNA, sondern auch zur Bestimmung der Genexpression auf der Stufe der mRNA kann der Chip Verwendung finden. Dazu können die oben beschriebenen Chips von Affymetrix benutzt werden, oder aber es können anstelle der synthetischen Oligonukleotide direkt tau-sende verschiedener cDNAs auf einen Chip angeheftet werden. Um zum Beispiel die Art und Menge der Genprodukte eines Gewebes zu messen, wird die mRNA in markierte cDNA überschrieben und auf dem Chip durch Hybridisierung an der dort vorhandenen DNA getestet. Damit kann dann auf Grund der Hybridisierung die Menge des produ-

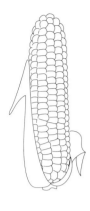

zierten Genproduktes aus einem Gewebe gemessen werden. Dies ist unter anderem interessant für die Wirkung von Medikamenten in Bezug auf Veränderung der Genprodukte einer Zelle. Solche Veränderungsprofile könnten dann als Indikatoren für die Wirkung eines Medikamentes wichtig werden.

IV.2.3   Gentechnische Herstellung eines Medikamentes in bakteriellen Wirtszellen (Interferon)

1980 gelang es den Wissenschaftlern um Ch. Weissmann und M. Taniguchi in Zürich, eines der Interferon-Gene, das alpha-Interferon des Menschen, zu klonieren. Damit wurde die Basis für die gentechnische Produktion von Interferon gelegt. Interferon, in der therapeutischen Behandlung verschiedener Krebsarten sowie Multipler Sklerose und anderer Krankheiten eingesetzt, wäre durch herkömmliche Isolation aus menschlichen Blutzellen nur wenigen Patienten zugänglich gewesen (für 400 mg Interferon sind 50 000 l Blut aufzubereiten). Wesentlich war die gentechnische Produktion von Interferon zudem, weil zur Erforschung der Wirkungsmechanismen dieses so wichtigen Proteins unseres Immunsystems ebenfalls grössere Quantitäten vorhanden sein müssen. Wie bereits beschrieben, können menschliche Proteine in der Zellmaschinerie eines Bakteriums deswegen hergestellt werden, weil der genetische Code universell ist, aber ebenso auch die Mechanismen der Proteinsynthese und anderer zellulärer Schlüsselmechanismen in der Evolution konserviert worden sind. Nicht die Möglichkeit des Klonierens und der Herstellung rekombinanter Proteine ist ein Wunder, sondern die Tatsache, wie sich aus Jahrmillionen langer Evolution ein System von höchster Einfachheit und Logik, aber auch von höchster Effizienz herauskristallisiert hat.

Ein Weg, der eingeschlagen wurde, um Interferon in grossen Mengen herzustellen, war, kurzgefasst, der folgende: Da eukaryonte Gene aus Introns (nicht-codierende Sequenzen) und Exons (codierende Sequenzen) bestehen, Bakterien aber den Mechanismus des Spleissens nicht bewerkstelligen können, wenden die Forscher einen Trick an, um ein Gen, das nur aus den codierenden Sequenzen besteht, zu erhalten. Von der gespleissten mRNA, einer mRNA ohne die Intron-Sequenzen, wird mit dem Enzym Reverse Transkriptase die DNA-Kopie, die cDNA hergestellt. Diese DNA-Sequenz enthält die codierenden Sequenzen ohne Intron-Unterbrechung für das Interferon. Für das Klonieren wird

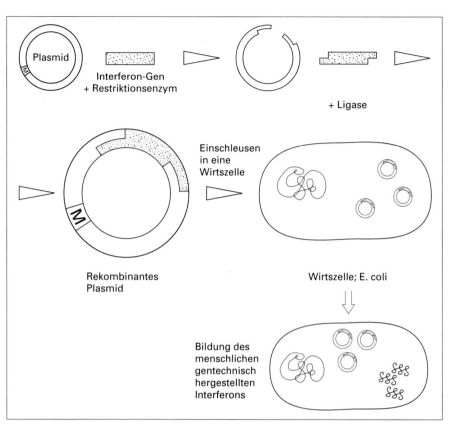

Abb. 30   Von der Theorie in die Praxis: gentechnisches Interferon aus einer Bakterienzelle
Sowohl das Plasmid, also der Klonierungsvektor, als auch das Interferongen werden mit
demselben Restriktionsenzym behandelt. Dadurch entstehen passende Enden an jeder
DNA, die das Bestreben haben, sich zusammenzulagern (s. Abb. 17). Das Enzym Ligase
verknüpft dann diese DNA-Enden kovalent, sodass das Interferongen in das Plasmid fest
integriert wird. Nach dessen Einschleusen in die Wirtszelle E. coli bildet diese das menschliche Interferon. M: Markergen

das Interferon-Gen mit einem Restriktionsenzym, das «sticky ends» lie-
fert, geschnitten (s. Abb. 30). Das Plasmid, das als Vektor dienen soll,
wird entsprechend behandelt. Nun sind sowohl am Interferon-Gen wie
auch am Plasmid «sticky ends» entstanden. Die «sticky ends» beider
DNA-Stränge haben das Bestreben, sich zusammenzulagern, da ihre
Endsequenzen komplementär sind. Den «Ringschluss», die kovalente
Verknüpfung, besorgt im Reagenzglas dann das Enzym Ligase. Das
Interferon-Gen ist somit in das Plasmid eingeschleust. Nun kann E. coli

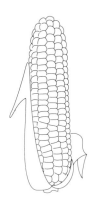

mit diesem neuen Plasmid, das den E. coli eigenen lac-Promotor trägt, transformiert werden. Das Plasmid ist mit einem Markergen, das in den meisten Fällen eine Antibiotikaresistenz darstellt, bestückt. Nach der Selektion auf diese Resistenz hin, die indirekt auch die Anwesenheit des Interferon-Gens im betreffenden Bakterium anzeigt, können die Bakterien mit dem Interferon-Gen vermehrt werden. Nun ist genügend Interferon von den Bakterien produziert worden, so dass ein erster Interferon-Aktivitäts-Test durchgeführt werden kann. Ist dieser Test zufriedenstellend, kann man zur biotechnischen Produktion im Fermenter übergehen. Durch die heute etablierten Reinigungstechniken kann Interferon von höchster Reinheit hergestellt werden, wie sie für medizinische Zwecke auch nötig ist. Ausserdem liegt das gentechnische Interferon in (fast) unbegrenzten Mengen vor, so dass jeder Patient, der es benötigt, damit behandelt werden kann (s. Abb. 31).

IV.2.4 Gentechnische Herstellung eines Medikamentes in Säuger-Zellen (Erythropoietin)

Das Interferon war ein Protein menschlicher Herkunft, das ohne besondere Probleme in einer prokaryonten Wirtszelle produziert werden konnte. Beim nächsten Beispiel, dem Erythropoietin, war das nicht mehr möglich. Dieses Protein wird hauptsächlich in der Niere gebildet und regt die Bildung der roten Blutkörperchen an. Es findet daher Anwendung bei der Behandlung von Nierenpatienten, Frauen im Wochenbett und Blutern. Für die Funktionsfähigkeit des gentechnisch hergestellten Erythropoietins sind posttranslationale Modifikationen, also ein Anhängen von Methylgruppen, Zuckerresten oder Phosphaten an das Protein nötig.

Dies aber kann nur in einer eukaryonten Wirtszelle vonstatten gehen. Als Wirtszellsystem wurde für das Erythropoietin die Zellinie aus Ovarien chinesischer Hamster (CHO) gewählt. Nicht nur das Wirtssystem, auch die Art der Isolation und Klonierung war bei Erythropoietin anders als beim Interferon.

Nachdem die Aminosäurensequenz des Erythropoietins bekannt war, konstruierte man aufgrund dieser Information, sozusagen im Rückwärtsgang, die DNA-Sequenz. Denn wenn der genetische Code in der Richtung gilt, dass ein Basentriplett für eine Aminosäure codiert, so gilt auch die Umkehrung: die Aminosäuren geben die Nukleotidsequenz der DNA an. Aufgrund der Aminosäurensequenz konstruierte

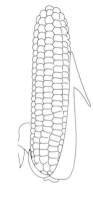

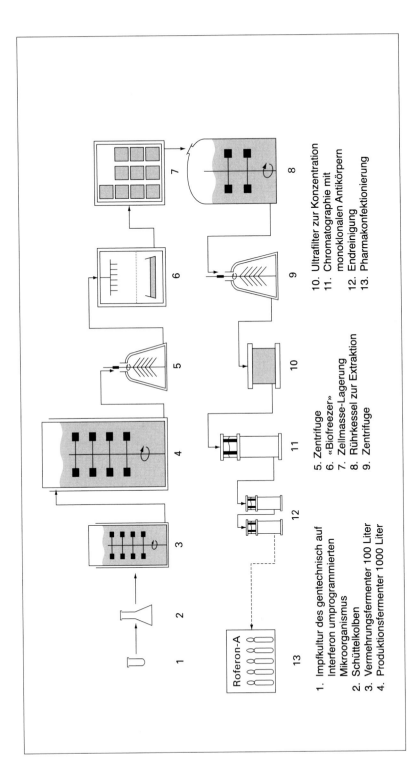

Abb. 31 Viele Schritte von Start bis zum Ziel: gentechnische Herstellung des Interferon

Die Herstellung des gentechnischen Interferons (von Roche das Roferon A) hat viele Einzelschritte, bis es nach der Pharmakonfektionierung im Handel erhältlich ist. (Schematische Darstellung)

1. Impfkultur des gentechnisch auf Interferon umprogrammierten Mikroorganismus
2. Schüttelkolben
3. Vermehrungsfermenter 100 Liter
4. Produktionsfermenter 1000 Liter
5. Zentrifuge
6. «Biofreezer»
7. Zellmasse-Lagerung
8. Rührkessel zur Extraktion
9. Zentrifuge
10. Ultrafilter zur Konzentration
11. Chromatographie mit monoklonalen Antikörpern
12. Endreinigung
13. Pharmakonfektionierung

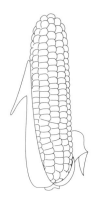

man korrespondierende Oligonukleotide, die radioaktiv markiert waren. Dann ging man zur Gen-Bank, in der das menschliche Genom in Stücken willkürlich in Millionen von Lambda-Phagen integriert war (s. Abb. 32a). Mit Filter-Hybridisierungsexperimenten suchte man nach denjenigen Phagen, die die komplementäre DNA zu den radioaktiven Oligonukleotiden enthielten. Dazu wurden Bakterienkulturen mit Phagen infiziert und die in Bakterien vermehrte Phagen-DNA auf Filter übertragen. Bei dieser Hybridisierungstechnik bleibt nur doppelsträngige DNA am Filter, also DNA-Einzelstränge, die komplementär zueinander sind und zu Doppelsträngen hybridisieren konnten. Aufgrund der radioaktiven Markierung der synthetischen Oligonukleotide war es einfach, die Filter, die radioaktiv waren, zu identifizieren. Das synthetische Oligonukleotid hatte also mit der komplementären DNA aus der Phagenbank einen Doppelstrang gebildet, in diesem Fall mit der DNA eines Phagen, der die Sequenzen des gesuchten Erythropoietin-Gens enthielt. Diese DNA wurde isoliert und auf einem entsprechenden Vektor, einem Plasmid mit einem Promotor von tierischen Viren (SV 40 oder Adenovirus) in die eukaryonte Wirtszellen eingebracht. Die DNA-Übertragung wurde hier mit Hilfe der Kalzium-Phosphat-Methode bewerkstelligt. Die CHO-Zellen haben die vorteilhafte Eigenschaft, das produzierte Erythropoietin direkt in das Wachstums-Medium der Zellen abzugeben. Es muss lediglich noch aus dem Medium gereinigt werden, nach den hohen Standardanforderungen, die für ein Pharmazeutikum angemessen sind. Dies umfasst natürlich auch den Test auf die biologische Aktivität.

IV.2.5 Gentechnik in der angewandten und der Grundlagenforschung

Gentechnische Methoden sind nicht nur in der Herstellung von Proteinen als Medikamente wie Interferon oder Erythropoietin von Bedeutung (s. Abb. 32b), sondern auch bei der Suche und Erprobung von neuen Medikamenten synthetisch-chemischer Natur. Hier ist es die Möglichkeit, Proteine, Enzyme oder Rezeptoren, die als Angriffspunkte der Medikamente dienen, in reiner Form und in grosser Menge für Testversuche und Strukturaufklärung herzustellen. Viele Enzyme und Rezeptoren liegen in der menschlichen Zelle in mehreren nah verwandten Formen vor, die mit klassischen Reinigungsmethoden nur sehr schwer voneinander zu trennen sind.

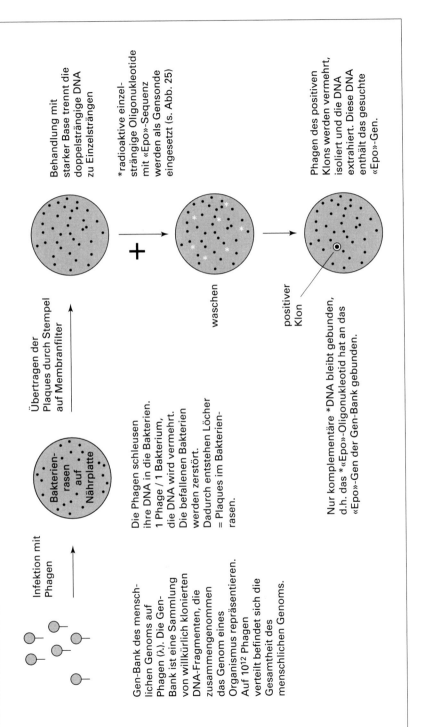

Abb. 32a   Gentechnische Herstellung des Erythropoietins

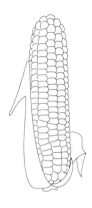

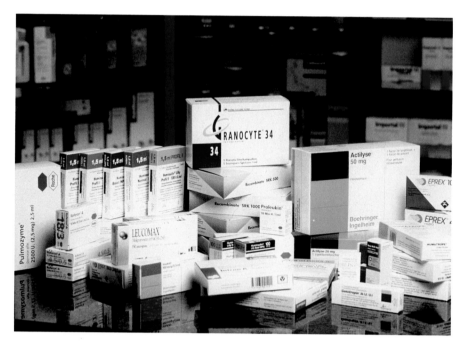

Abb. 32b
Die Anzahl derjenigen Medikamente, die gentechnisch hergestellt werden, ist bereits umfangreich und wird ständig erweitert. Diese Liste zeigt eine Auswahl der Medikamente dieser Herstellungsart: Interferone gegen bestimmte Krebsarten, AIDS sowie Multiple Sklerose, Humaninsulin für Diabetiker, Wachstumsfaktoren gegen Zwergwuchs, Impfstoffe gegen Hepatitis B und Cholera, CSF (Colony Stimulating Factors – dies sind Faktoren, die nach Chemotherapien und Bestrahlungen zur Verbesserung der Blutwerte des Patienten beitragen), Erythropoietin bei Blutarmut und besonders bei Niereninsuffizienz (Nierenversagen), DNase (ein Enzym, das DNA schneidet) bei der Behandlung der Cystischen Fibrose, Alteplase bei akutem Herzinfarkt sowie rAHF, ein Faktor, der bei der Hämophilie, der Bluterkrankheit Anwendung findet. Ferner gibt es noch gentechnisch hergestellte Medikamente gegen die Gauchers Krankheit, gegen Thrombosebildung sowie solche, die nach Organtransplantationen die Abstossung verhindern sollen.

Die Gentechnik erlaubt es, einzelne Varianten dieser Enzyme oder Rezeptoren zu klonieren und in einem geeigneten Wirtssystem in grossen Mengen zu produzieren, sodass eine Reinigung in grosser Menge und reiner Form erreicht wird. So wird es möglich, viele der in einer Zelle vorliegenden Enzyme mit ähnlichen Eigenschaften, wie Proteinkinasen (Enzyme, die bestimmte Aminosäuren eines Proteins phosphorylieren) oder Proteasen (Enzyme, die Proteine spezifisch spalten) getrennt herzustellen und neue, z.B. auf Hemmung ausgerichtete Chemikalien selektiv an ihnen zu prüfen.

Als Beispiel sei hier die Suche nach spezifischen Hemmern der HIV-Protease zur Therapie von AIDS angeführt. Diese Protease ist für die Vermehrung des HIV-Virus notwendig, und ihre Hemmung bietet die Chance einer Verlangsamung des Krankheitsverlaufes.

Auf der Suche nach spezifischen Hemmern der Protease des AIDS-Virus konnte gezeigt werden, dass neuentwickelte Proteasehemmer vorwiegend die virusspezifische Protease hemmen, aber ähnliche Proteasen der menschlichen Zellen weniger oder kaum hemmen. Solche Medikamente könnten auf Grund ihrer speziellen Hemmung eine wesentlich bessere Verträglichkeit aufweisen.

Im Falle der HIV-Protease war zur Medikamentenentwicklung die Kenntnis der molekularen Struktur und der Wechselwirkungen zwischen Protease und dem entwickelten Proteasehemmer von Bedeutung. Grosse Mengen dieser gentechnisch hergestellten reinen HIV-Protease erlaubten die Aufklärung der Struktur durch Röntgenstrukturanalyse und die Bestimmung der Bindungsstellen des Proteasehemmers. Diese Information wiederum ermöglichte eine gezielte chemische Veränderung von Hemmern der ersten Generation hin zu verbesserten Medikamenten für die Behandlung von AIDS.

Sowohl in der Grundlagenforschung wie auch in der angewandten Forschung ist eine Klärung vieler Fragen, die wir in Bezug auf die komplizierten Funktionsmechanismen in unseren Zellen haben, auf dem jetzigen Niveau nur noch mit gentechnischen Methoden vorstellbar.

IV.2.6 Systemische Biologie

Die Sequenzierung des Erbguts vieler verschiedener Organismen, darunter auch das des Menschen, der Maus und der Ratte, oder von höheren Pflanzen und Bakterien, lässt uns zwar die Gesamtheit der Gene erkennen, aber gibt uns noch keine Auskunft über das Zusammenwirken ihrer Produkte. Genau dieses Zusammenwirken der Einzelkomponenten einer Zelle oder eines Organismus als dynamisches Netzwerk unter verschiedenen Bedingungen zu verstehen, ist das Ziel der systemischen Biologie. Dass dazu Verfahren und Technologien notwendig sind, welche die Messung möglichst aller Komponenten eines Systems gleichzeitig erlauben, sagt der Name selbst. Eine dieser Technologien ist der Genchip, welcher die Bestimmung der Genexpressionszustände aller Gene eines Systems, wie einer Bakterien-, Hefe-, oder Säugerzelle erlaubt. Um die Fülle der Daten zu erfassen, auszuwerten und die

Schlussfolgerungen in neue Experimente umzusetzen , braucht es entsprechende Softwaresysteme, welche mit den notwendigen mathematischen und statistischen Methoden unterlegt sind. Die systemische Biologie soll letztlich Zellabläufe simulieren, neue Hypothesen entwickeln und daraus neue Experimente auslösen können. Durch diesen iterativen, also sich wiederholenden Prozess, für dessen Ausführung auch das physikalisch-chemische Verständnis der Interaktionen der Einzelkomponenten notwendig ist, wird ein umfassenderes Verständnis der Entwicklungsvorgänge möglich, insbesondere auch, wie sich Zellen und Organismen an neue Umweltbedingungen anpassen oder wie sich Krankheitszustände bilden können. Systemische Biologie ist somit eine sehr interdisziplinäre Wissenschaft, bei der Biologen, Mediziner, Gentechnologen, Chemiker, Physiker, Mathematiker, Prozess- und Softwarespezialisten als integriertes Team zusammenarbeiten und versuchen, alle vorhandenen Daten zu integrieren und daraus neue Erkenntnisse zu erzeugen.

In einer exemplarischen Studie haben Forscher des «Institute for Systems Biology», Seattle (USA), um den Amerikaner Leroy Hood und den Schweizer Ruedi Aebersold die Aufnahme und Verwertung des Zuckers Galaktose bei der Bäckerhefe Saccharomyces cerevisiae im Detail analysiert. Die Wissenschaftler sind dabei in 4 Stufen vorgegangen: 1. Alle, oder möglichst alle Gene und Moleküle, welche im Galaktosestoffwechsel eine Rolle spielen, werden identifiziert; 2. Jedes bekannte Gen oder Molekül wird mittels gentechnischer Methoden oder durch Veränderung der Umweltbedingungen ausgeschaltet und die Auswirkungen auf die Einzelkomponenten der Zelle und des Stoffwechselweges analysiert; 3. die Erkenntnisse werden in das bis heute bekannte Modell des Galaktosestoffwechsels und dessen Regulation integriert. Dadurch entsteht ein neues verbessertes Modell; und 4. aus dem verbesserten Modell ergeben sich neue Hypothesen bezüglich der Regulation des Galaktosestoffwechsels, welche experimentell überprüft und eingegliedert werden können.

Im vorliegenden Experiment wurden neben dem normalen Hefestamm neun verschiedene Hefemutanten verwendet, bei denen Gene für den Galaktosestoffwechsel mittels gentechnischer Methoden eliminiert (knock-out) wurden. Alle Hefestämme wurden ohne Galaktose und mit Galaktose (induziert Enzyme für Galaktosemetabolismus) kultiviert und die Expression der Gene auf Stufe mRNA analysiert. Von den 6200 Hefegenen, welche analysiert wurden, konnten total 997 identifiziert werden, welche bei mindestens einer mutanten Hefe in unterschiedlicher

Menge zu normaler Hefe vorhanden war. Die unterschiedlich regulierten Gene konnten in 16 Gruppen unterteilt werden, wobei jede Gruppe Gene bestimmter zellulärer Vorgänge enthält (Fettstoffwechsel, Protein-biosynthese u.a.). Auch in der Gruppe der Gene des Galaktosestoffwech-sels fand man solche, welche sich wie erwartet verhielten, aber auch sol-che, welche unerwartete Abweichungen zur Normalexpression zeigten. Die Unterschiede auf dem mRNA Niveau wurden auch auf Proteinebene analysiert. Für 289 Proteine konnten zuverlässige Daten erhalten wer-den, wobei nur eine moderate Übereinstimmung mit den Veränderun-gen auf dem mRNA Niveau gefunden wurde. Dies zeigt die Wichtigkeit, sowohl RNA- wie auch Proteinbestimmungen vorzunehmen.

Um eine Interpretation all der Daten zu erhalten, haben die Autoren der Arbeit ihre Daten in bereits bekannte Daten integriert. Dabei bediente man sich der Daten, welche alle möglichen Protein-Protein-wechselwirkungen und Protein-DNA Interaktionen bei Hefe beschrei-ben. Protein-Proteinwechselwirkungen bedeuten, dass diese interagie-renden Proteine an den gleichen zellulären Vorgängen teilhaben, während Protein-DNA Interaktionen das Protein als möglichen Trans-kriptionsfaktor identifizieren. Umfassende Karten mit bis zu 2709 Pro-tein-Proteinwechselwirkungen wurden bei Hefe gentechnisch mit dem Zweihybridsystem erzeugt. 384 Gene, welche in der Studie in Mutante und Normalhefe als unterschiedlich reguliert wurden, konnten als Part-ner in den beschriebenen 2709 Interaktionen identifiziert werden. Durch diese Analyse konnten für einen Transkriptionsfaktor, von dem man wusste, dass er Gene des Galaktosestoffwechsels kontrolliert, auch ko-regulierte Gene gefunden werden, welche zum Protein- und Glyko-genstoffwechsel gehören. Weitere Befunde, welche noch nicht bekannt waren und durch die neuen Daten postuliert werden, können nun experimentell überprüft werden. Erst die Kombination von bestehen-den Daten mit der Fülle der in der Studie erhobenen Daten, zusammen mit bereits entwickelten Softwaresystemen, erlaubte eine rasche Daten-analyse und Interpretation.

Die 4 Grundprinzipien der systemischen Biologie («manipulate, measure, mine and model») und die Weiterentwicklung von Hoch-durchsatz- und Nanotechnologien werden auch Einfluss auf die phar-mazeutische Forschung und die medizinische Praxis haben. So werden sie helfen, den Mechanismus von Arzneimitteln und deren Wirkungen und Nebenwirkungen besser zu verstehen. In der Zukunft werden wir Krankheitszustände umfassender beschreiben können und nach Medi-kamenten oder Medikamentenkombinationen suchen, welche den

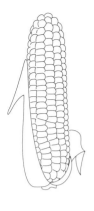

molekular veränderten Zustand zumindest teilweise korrigieren. Das umfassende Verstehen der Krankheitsabläufe auf molekularem Niveau und die Simulation gewisser Therapien wird letztlich auch einen Einfluss auf eine erfolgreichere klinische Entwicklung haben.

IV.2.7 Die Basensequenz des Erbguts von Säugetieren

IV.2.7.1 Die Sequenz des menschlichen Erbguts

In der Zeitschrift Nature beschreibt ein Internationales Gensequenzierungskonsortium (International Human Genome Sequencing Consortium), eine Gruppierung von 20 Labors aus 6 Ländern, erstmals die Gensequenz des Menschen. Gleichzeitig hat die Gentechnologie-Firma Celera, in einer Arbeit mit über 200 Autoren, in der Zeitschrift Science ihre Sequenzdaten und erste Schlussfolgerungen veröffentlicht.

Was war der Auslöser zur Sequenzierung des menschlichen Erbguts?
Das Verständnis der Vererbungslehre hat sich im vergangenen Jahrhundert in mehreren Etappen entwickelt. Die erste Entdeckung betraf die zelluläre Basis der Vererbung, die Chromosomen, gefolgt von der Aufklärung der molekularen Basis, der Desoxyribonukleinsäure (DNS oder DNA), mit den 4 Basen Adenin, Guanin, Thymin und Cytosin, angeordnet in einer Helixstruktur. Als nächster Schritt wurde entschlüsselt, wie die Zelle die Information der Basenfolge auf der DNA in zellulare Produkte wie RNA (Ribonukleinsäure) und in die Proteine (Eiweisse) überschreibt. Diese Erkenntnis war eine Voraussetzung zur Definition der Gene, also der Informationsträger für RNA und Proteine. Die parallele Entwicklung einer Reihe neuer Technologien zur Isolation, Neukombination und Sequenzbestimmung ermöglichte letztlich, eine Sequenzierung des menschlichen Erbguts ins Auge zu fassen.

Die Sequenzierung des menschlichen Erbguts wurde erstmals formell im Jahre 1985 vorgeschlagen und ein Jahr später wurden erste Pläne diskutiert. Im Jahre 1990 wurde das Projekt in den USA offiziell mit einem 15-Jahresplan initiiert. In den folgenden Jahren haben sich auch europäische Labors dem öffentlichen Effort angeschlossen. Im Jahre 1998 hat Craig Venter die Gründung einer Firma, Celera, bekannt gegeben, mit dem Ziel, das menschliche Genom in 3 Jahren zu sequenzieren.

Das Verständnis um die Strukur und Funktion unsere Gene hat für den Menschen weitreichende Bedeutung. Nicht nur kann im Vergleich mit anderen Genomen etwas über die menschliche Evolution ausgesagt

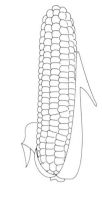

werden, sondern die Sequenzen und ihre Variabilität werden die Ursprünge menschlicher Krankeiten zu Tage bringen und das Zusammenspiel von Umwelt und Erbgut verständlicher machen. Vor allem die Erkenntnis, dass die Sequenz des menschlichen Erbguts die biomedizinische Forschung massiv beschleunigen kann, hat zu einem konzentrierten Effort geführt.

Warum wird «nur» ein Sequenzentwurf präsentiert?

Die Genomsequenz gibt Information bezüglich aller menschlicher Gene, deren regulatorische Regionen, aber auch über die Struktur der Chromosomen. Es liegt in der Natur der heute zur Verfügung stehenden Technologien, dass bestimmte Regionen der Chromosomen beziehungsweise des Erbguts noch nicht vollständig analysiert werden konnten. Die heutige Sequenz ist also ein dynamisches Produkt welches laufend aufdatiert wird. Die Sequenz beschreibt allerdings wesentliche Teile des Erbguts und erlaubt bereits heute für die biomedizinische Forschung wichtige Erkenntinisse zu extrahieren.

Technologisches Vorgehen

Das öffentliche Konsortium hat sich für das zumindest anfänglich aufwändigere, hierarchische Vorgehen entschieden, während die Firma Celera sich für die sogenannte «Shot-gun» oder «Schrotschuss» Sequenziermethode entschieden hat. Letztere schien, obschon die Einzelsequenzen sehr viel rascher erhalten werden, ursprünglich bei der Zusammensetzung und Zuordnung der Sequenzen zu Chromosomen aufwendiger zu sein (s. Abb. 33).

Die DNA, welche zur Sequenzierung verwendet wurde, war von freiwilligen Donatoren, deren Namen anonym gehalten und durch ein kompliziertes Prozedere verwischt wurden. Das öffentliche Konsortium verwendete DNA von ca. 10 Personen, während die Proben von Celera auf 5 Personen basieren. Die in Bruchstücke zerlegte DNA wurde so oft sequenziert, dass statistisch jede Base mehrmals unabhängig gelesen wurde. Dudurch wurde sichergestellt, dass eine vollständige Sequenzierung vorlag.

Durch die Überlappungen der sequenzierten Bruchstücke und der Tatsache, dass die DNA von mehreren Donatoren erhalten wurde, hat die Sequenzierung auch direkt die Stellen der Sequenzheterogenität im menschlichen Erbgut hervorgebracht. Diese sogenannten Single Nucleotide Polymorphismen (SNPs) werden für die medizinische Diagnostik von grosser Bedeutung sein.

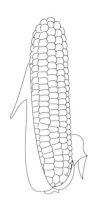

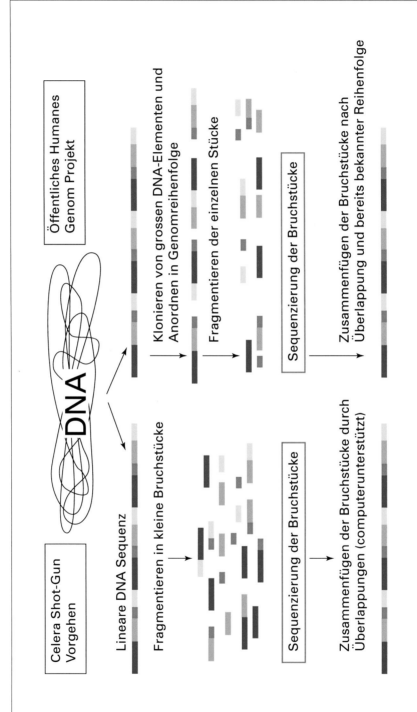

Abb. 33   Die beiden Sequenzier-Strategien

Die Einzelsequenzen wurden mit verschiedenen Computerprogrammen integriert und zu einer Gesamtsequenz zusammengesetzt. Die hierarchische Methode erlaubte ein Zuordnung zu den Chromosomen mittels Sequenzabgleichen.

Die Qualität der Konsortium Sequenz hat eine Fehlerrate von ca. 1 Base pro 10'000 Basen und deckt ca. 88% des menschlichen Erbguts ab.

Analyse der Genomsequenzen

Die Gene, welche durch die sogenannte Transkription in RNA übersetzt werden können, nehmen einen kleinen Teil der Gesamt-DNA in Anspruch, obschon sie letzlich die hauptsächlichen funktionellen Elemente des Erbguts sind. Mehr als 50% der DNA sind sogenannte repetitive Sequenzen, welche man auch als «Junk», zu Deutsch «Ausschuss» oder «Ramsch» bezeichnet hat. Allerdings scheinen diese Sequenzen doch verschiedenste Funktionen zu haben: 1) sie geben Aufschluss über Evolutions-Prozesse und haben damit paläontologische Bedeutung; 2) sie dienen als passive Markierungen zur Messung von genetischen Veränderungen (Mutationen); 3) als aktive Agentien können repetitive Sequenzen wandern und dadurch neue Gene etablieren oder existierende Gene verändern; 4) sie geben Aufschluss über Chromosomenstruktur und Dynamik, und 5) sie dienen als Markierungen für medizinische und Populationsgenetik.

Ein Teil der Gene kodiert für RNA, welche später nicht in Protein übersetzt wird. Dazu gehören z. B. Gene für die Transfer RNA und die Ribosomale RNA, welche bei der Proteinbiosynthese von Bedeutung sind. Es wurden bis jetzt ca. 740 solcher nicht kodierender RNA Gene identifiziert.

Gene, welche für Proteine kodieren, wurden mittels verschiedener computergestützter Analysen identifiziert. Dazu wurden Sequenzinformationen benutzt, welche Gene höherer Organismen charakterisieren. Aus dem Studium von Einzelgenen sind die Grenzregionsequenzen zwischen sogenannten Introns (Sequenzen, welche herausgeschnitten werden und nicht für Protein kodieren) und Exons (die eigentliche kodierende Sequenz) bekannt und können als Markierungen verwendet werden. Das gleiche gilt für Sequenzen, welche den Grad der Genexpression kontrollieren und regulieren. Zudem können bekannte mRNA Sequenzen und Teilsequenzen als Proben eingesetzt werden. Ziel ist es, einen kompletten Gen Index des menschlichen Genoms zu erarbeiten.

Frühere Schätzungen bezüglich der Zahl der menschlichen Gene variierten zwischen 30'000 und 120'000. Die kürzliche Sequenzierung

der Chromosomen 21 und 22 liess die Genzahl für den Menschen eher im unteren Bereich ansiedeln. Die Analyse der jetzt publizierten Gensequenz lässt auf eine Genzahl um die 31'000 schliessen. Dies ergibt eine Genzahl von ca. 11 Genen auf 1 Million Basen.

Unter der Annahme, dass die durchschnittliche Grösse einer kodierenden Region etwa 1400 Basenpaare umfasst und ein Gen eine totale durchschnittliche Ausdehnung (inkl. Introns und regulatorischer Sequenzen) von ca. 30'000 Basenpaaren besitzt, so kodieren bloss 1.5% des ganzen Erbguts für Proteine. Die Gensequenzen umfassen rund ein Drittel des ganzen Erbguts.

IV.2.7.2 Die Sequenzierung des Erbguts von Ratte und Maus

Die Sequenz des Mausgenoms wurde als zweites Säugergenom sequenziert. Dies deshalb, weil in den letzten Jahren dank erfolgreicher genetischer Manipulation und vertieftem Verständnis der Entwicklungsbiologie über die Maus derart viele Erkenntnisse gesammelt worden sind, dass die Kenntnis ihres Erbguts eine grosse Bedeutung für das Verständnis des Inhalts des menschlichen Erbguts und dessen Nutzung für die biomedizinische Froschung haben wird. Die Sequenzierung des Rattengenoms wurde vor Jahren etwas zurückgestellt, nicht, weil seine Bedeutung in der biomedizinischen Forschung etwa geringer wäre, sondern besonders weil es damals genetischen und entwicklungsbiologischen Manipulationen weniger zugänglich war. Diesbezüglich hat sich allerdings in den letzten paar Jahren einiges geändert.

Das Genom der Maus (Mus musculus musculus) wird von weiblichen Mäusen des Stammes C57BL/6J beschrieben. Die zusammengesetzte Sequenz enthält etwa 96% des Mausgenoms. Da weibliche Mäuse sequenziert wurden, fehlt selbstverständlich das männliche Y-Chromosom. Das Mausgenom ist etwas kleiner als das menschliche und erstreckt sich über etwa 2.5×10^9 Basenpaare (2.5 Gigabasen). Etwa 90% der beiden Sequenzen zeigen die gleiche Reihenfolge ähnlicher Gene, was darauf schliessen lässt, dass es sich hier um Gene handelt, die die Vorfahren gemeinsam hatten. Auf der Stufe der einzelnen Nukleotidbasen, sind etwa 40% der beiden Genome genau überlappend. Das Mausgenom enthält wie das menschliche etwa 30'000 für Proteine kodierende Gene, wovon etwa 80% direkt in ähnlichen Sequenzabschnitten mit Genen beim Menschen in Zusammenhang gebracht werden können. Tatsächlich sind bis heute weniger als 1% Gene bekannt, welche keinen direkten Gegenpart beim anderen

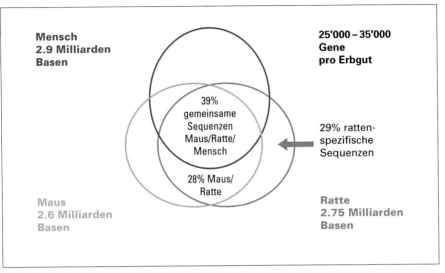

Abb. 34   Erbgut von Mensch, Maus und Ratte im Vergleich.

Genom haben, oder anders gesagt, 99% der Mausgene haben ein homologes Gen (ähnliche Sequenzfolge) irgendwo im menschlichen Genom. Wie wir unten bei der Ratte sehen werden, haben sich einige Gene bestimmter Familien, welche die Maus mit besonderen Eigenschaften ausstatten, auch vermehrt: Gene für Geruchssinn, Immunität und Fertilität.

Die braune norwegische Ratte, Rattus norvegicus, wurde zur Sequenzierung des Rattengenoms ausgewählt. Die meisten Daten stammen von zwei weiblichen Tieren. Die Datensammlungsphase, in der etwa 44 Millionen Stücke des Erbguts der Ratte entschlüsselt wurden, dauerte ungefähr 2 Jahre. Die einzelnen Stücke wurden mittels computerunterstützter Methoden in der richtigen Reihenfolge zusammengebaut. Erst die zusammengesetzte Sequenz erlaubt eine Analyse und Interpretation im Vergleich zu den beiden anderen bereits sequenzierten Säugergenomen, Mensch und Maus. In der in der Zeitschrift Nature veröffentlichten Arbeit sind etwa 90% des Erguts der Ratte beschrieben. Die letzten 10% sind aus technischen Gründen mit vergleichsweise grossem Aufwand zu entschlüsseln.

Das Erbgut der Ratte besteht aus 2.75 Milliarden (2.75×10^9) Basen. Dies sind etwa 150 Millionen Basen mehr als bei der Maus, aber 150 Millionen weniger als beim Menschen.

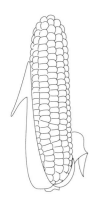

Alle drei Arten besitzen in etwa die gleiche Anzahl von Genen. Sie werden auf Grund von Sequenzanalysen auf 25'000 bis 35'000 geschätzt. Etwa 39% der Nukleotidbasen von Maus, Ratte und Mensch haben eine ähnliche Basenfolge. Dies deutet auf einen gemeinsamen Vorfahren hin, der etwa vor 80 Millionen Jahren gelebt haben muss, bestätigt andrerseits auch heute noch gültige gemeinsame Eigenschaften der drei Säugetiere. Diese Gensequenzen enthalten etwa 94–95% der für Proteine kodierenden Sequenzen.

Etwa 28% der gefundenen Sequenzen überlappt nur mit der Maus und die restlichen 29% zeigen weder mit Maus noch Mensch Überlappungen. Davon sind etwa 15% rattenspezifische Sequenzen und 8% gingen wahrscheinlich während der Evolution zur heutigen Maus verloren. Die rattenspezifischen Sequenzen kodieren für Proteine, welche im Geruchsempfinden, der Fortpflanzung und im Stoffwechsel eine Rolle spielen (Abb. 34).

Repräsentanten menschlicher Krankheitsgene im Erbgut der Ratte und die Bedeutung der Sequenzierung

Mehr als 1000 menschlichen Krankheitsformen kann heute eine genetische Komponente zugewiesen werden. Den einzelnen Krankheitsformen können Sequenzen im Erbgut zugeordnet werden. Da gewisse Gensequenzen zwischen Mensch und Ratte erhalten geblieben sind, können nun Krankeitsgene, welche beim Menschen in solchen Sequenzen liegen, auch bei Ratten lokalisiert werden. Diese sogenannten orthologen Sequenzen bei der Ratte können nun gezielt verändert werden, so dass die Möglichkeit besteht, gezielt Modelle für menschliche Krankheiten zu entwickeln.

Von 1112 gut charakterisierten menschlichen Krankheitsgenen konnten bei der Ratte 844 (76%) wiedergefunden werden. Es scheint so zu sein, dass Gene, welche beim Menschen in Krankheitsprozessen eine Rolle spielen, sich im Laufe der Evolution wenig verändert haben. Sieht man sich die Sache genauer an und unterteilt die Krankheitsgene nach Krankheiten bestimmter Gewebetypen, so sieht man, dass sich Gene des Immunsystems stärker verändert haben als andere Krankheitsgene. Es könnte demnach so sein, dass die Ratte zum Verständnis menschlicher Erkrankungen des Immunsystems weniger geeignet ist als für andere Erkrankungen.

Als Ergänzung zu menschlichen Krankheitsgenen können jetzt in der Ratte selbst Gene viel leichter lokalisiert und identifiziert werden, welche mit Krankheiten bei Ratten in Verbindung stehen. Dies ermöglicht das raschere Auffinden von neuen Genen, die auch bei menschlichen Erkrankungen eine Rolle spielen können. Zudem sollte jetzt auch die Möglichkeit bestehen, die durch mehrere Gene beeinflussten Erkrankungen, wie neurodegenerative Erscheinung, Krebs und andere chronische Erkrankungen, besser zu verstehen und in Zukunft gezielter zu behandeln. Dabei kommen auch andere bei der Ratte in letzter Zeit durchgeführte Experimente zum Tragen. Es ist nämlich, ähnlich wie bei der Maus, gelungen, bestimmte Gene zu inaktivieren und durch neue Gene zu ersetzen. Dies lässt nun erstmals zu, ganz bestimmte Modelle für menschliche Krankheiten an der Ratte zu entwickeln.

In vielen Belangen ist die Ratte dem Menschen ähnlicher als die Maus. Zudem ist die Grösse ein nicht unwesentlicher Faktor in der pharmazeutischen Forschung, so beim Messen von pharmakologischen Parametern, wie zum Beispiel Blutdruck, oder bei chirurgischen Eingriffen.

Genomics
Von «Genome», das gesamte Erbgut einer Zelle oder eines Organismus. Unter «Genomics» versteht man das Studium der verschiedenen Elemente des Erbguts und der Regulation der darin enthaltenen Gene. Diese Kenntnisse helfen u.a. die Bedeutung von Unterschieden im Erbgut von Person zu Person besser zu verstehen.

Proteomics
Von «Proteome», der Gesamtheit aller Proteine (Eiweisse), welche durch das Genom kodiert werden können und in einer Zelle, einem Gewebe oder Organismus vorhanden sind. Unter «Proteomics» versteht man die Identifikation und Charakterisierung aller Proteine eines Systems. Diese Kenntnisse helfen die Bedeutung von Proteinen im Zusammenhang besser zu verstehen.

IV.2.7.3 Was unterscheidet das Erbgut von Säugetieren von anderen bisher sequenzierten Genomen?

Mehrere Eukaryonten, also Organismen mit Zellkern, neben den Säugern Mensch, Maus und Ratte, sind sequenziert worden: die Hefe Saccharomyces cerevisiae, der Wurm Caenorhabditis elegans, die Taufliege Drosophila melanogaster, die Pflanze Arabidopsis thaliana und der Reis Oryza sativa, sowie der Malariaerreger Plasmodium falciparum

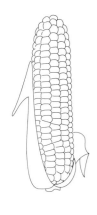

wie auch der Überträger der Malaria, die Mücke Anopheles gambiae. Im Gegensatz zu diesen Organismen ist das Säuger-Erbgut gefüllt mit sich wiederholenden Basensequenzen. Mehr als 50% der 3×10^9 Basen bestehen aus sich wiederholenden, kurzen und identischen Sequenz-folgen. Zusätzlich liegen auch grosse Sequenzstücke in Duplikaten oder in umgekehrter Anordnung vor. Diese sich wiederholenden Sequenzen erschweren nicht nur die Entzifferung der Sequenz, sondern auch deren Analyse und Interpretation. Im Gegensatz zu niedrigen Organismen, wie Bakterien, sind die Gene höherer Organismen durch sogenannte nicht kodierende DNA-Sequenzen unterbrochen. Diese Sequenzen wer-den später herausgeschnitten und durch variierende Zusammensetzung der Einzelelemente können unterschiedliche mRNAs und später meh-rere verschiedene Proteine entstehen. Durch weitere sogenannte post-translationale Veränderungen erhöht sich die Diversität der Proteine weiter. Diese Tatsache ist im Zusammenhang mit der Anzahl der Gene, z.B. zwischen Wurm und Mensch, zu berücksichtigen (s. Abb. 35).

IV.2.7.4 Der Mensch hat nur ca. die zweifache Genzahl von Fliege und Wurm

Die menschlichen Gene unterscheiden sich allerdings von Fliege und Wurm. Sie breiten sich über weit grössere Genomregionen aus und bil-den zudem mehrere Übersetzungsformen in unterschiedliche mRNAs und dadurch unterschiedliche Proteine. Dadurch kann der Mensch mit bloss doppelter Genzahl wahrscheinlich ca. 5-mal mehr verschiedene Proteine produzieren als Fliege und Wurm (s. Abb. 35).

Interessanterweise erwiesen sich nur gerade 7% (94) aller Proteinfa-milien als Wirbeltier-spezifisch. Nur eine Familie repräsentiert Enzyme, woraus geschlossen werden kann, dass Enzyme alten Ursprungs sind. 60% aller Proteinfamilien zeigen beim Menschen eine höhere Mitglie-derzahl als bei anderen bis heute sequenzierten Eukaryonten. Dies lässt den Schluss zu, dass beim Menschen die Evolution die Genverdoppe-lung gefördert hat und dass die komplexen Entwicklungsprozesse beim Menschen sich aus einfacheren, aber ähnlichen Prozessen bei niedrige-ren Formen entwickelt haben.

IV.2.7.5 Anwendung für Biologie und Medizin

Die menschliche Sequenz, in Zusammenarbeit mit den Genomen von Maus und Ratte, erlaubt die Identifikation von Genen, welche bei

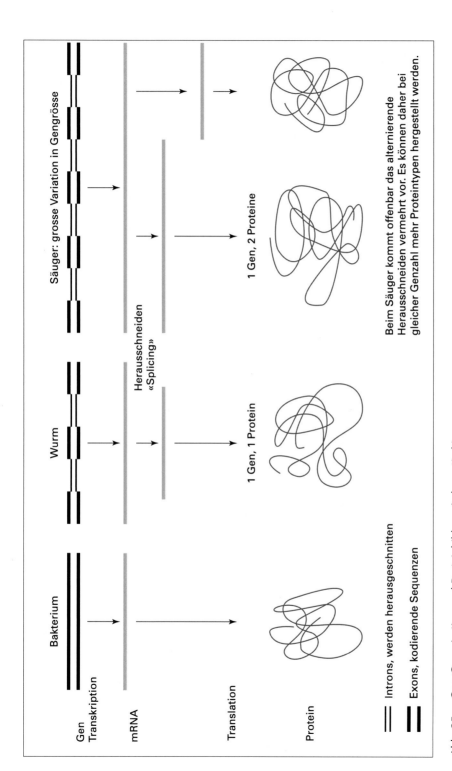

Abb. 35 Gen-Organisation und Proteinbildung (schematisch)

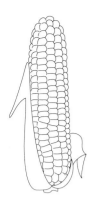

menschlichen Krankheiten eine Rolle spielen. Ausgehend von bereits bekannten Krankheitsgenen können ähnliche Gene identifiziert werden, welche in weiteren Analysen als Krankheitsgene validiert werden können. Solche Gene können gleichzeitig als neue therapeutische Zielstrukturen erprobt werden. Zum Beispiel wurden heute verwendete therapeutische Zielstrukturen als Ausgangspunkt genommen und durch virtuelles Screening konnten 18 mögliche neue Gene mit ähnlicher Struktur identifiziert werden.

Neben der oben beschriebenen Anwendung wird die Sequenz des menschlichen Genoms aber auch entscheidend mithelfen, grundlegende physiologische und zellbiologische Prozesse und Zusammenhänge besser verstehen zu lernen. Dazu werden die Genome von Maus und Ratte wiederum von entscheidender Bedeutung sein. Durch genetische Manipulation von Ratte und Maus wird es möglich sein, Genfunktionen im Detail zu verstehen und neue Krankheitsmodelle zur Prüfung von Therapien zu entwickeln. Maus und Ratte werden noch vermehrt zum Stellvertreter des Menschen und deshalb zu unermesslichem Nutzen für die Menschheit.

IV.3 Transgene Tiere

Die Grundlagenforschung konnte mit Hilfe der Gentechnik viele Fragen auf dem molekularen Niveau untersuchen und klären, da man Säugergene klonieren, exprimieren und dadurch endlich charakterisieren konnte. Dies führte oft auch zu neuen Erkenntnissen, nicht nur über molekulare Zellmechanismen, sondern darüber hinaus wurden die Zusammenhänge der Entstehungen von Krankheiten deutlich erkennbar. Die Erkennung einer Ursache ist aber auch der erste Schritt zu einer möglichen und oft verbesserten Therapie.

Da viele Mechanismen in unseren Zellen und im Organismus nach dem synergetischen Prinzip ablaufen, war es für die Wissenschaftler erstrebenswert, Modelle für bestimmte Krankheiten zur detaillierten Untersuchung vor sich zu haben. Dieses Ziel wurde erreicht, indem man im letzten Jahrzehnt eine Technik entwickelte, die es erlaubte, Gene im Reagenzglas zu verändern und sie dann auf Säuger zu übertragen. Und zwar auf einen gesamten Organismus, nicht mehr nur eine Zellinie, die unter kontrollierten Wachstumsbedingungen im Nährmedium gezogen wird. Diese neue Technik, die Züchtung transgener Tiere, bietet die Möglichkeit, den Einfluss der neuen genetischen Information oder deren Fehlen auf die Entwicklung und die biologischen Eigenschaften des Tieres zu untersuchen.

Voraussetzung für die Züchtung transgener Tiere ist die Fähigkeit, rekombinante DNA in die Zellen des Organismus hineinzubringen und diese dort stabil ins tierische Genom integrieren zu lassen. Das bedeutet ganz klar, dass die natürlichen Kreuzungsschranken übersprungen werden können.

Auf der anderen Seite kann man transgene Tiere dadurch züchten, indem man bestimmte Gene durch gezielte gentechnische Eingriffe inhibiert, im Prinzip «stilllegt». Diesen letzteren Effekt nennt man knock-out-Effekt. Befassen wir uns zuerst mit dem zusätzlichen Einbringen eines oder mehrerer Gene.

Die direkteste Methode zur Züchtung eines transgenen Tieres ist die Mikroinjektion. Diese ist einfach vorzustellen: das isolierte Stück DNA, entweder ein ganzes Gen oder ein Teil davon, wird in eine befruchtete Eizelle mit einer extrem dünnen Glasnadel injiziert. Dies geschieht unter dem Mikroskop und mit einem Mikromanipulator, um eine «ruhige Hand» zu sichern. Die Injektion findet in jeweils einem Vorkern der befruchteten Eizelle statt. Jede befruchtete Eizelle hat zwei Vorkerne, einen mit der genetischen Information der Mutter und einen mit der genetischen Information des Vaters.

In der Regel werden zwischen 50 bis 500 Kopien des rekombinanten DNA-Stückes in einen dieser Vorkerne eingeschleust.

Die befruchtete, gentechnisch veränderte Eizelle, biologisch gesehen bereits ein Embryo, wird einer scheinschwangeren Maus, einer Amme, in die Gebärmutter eingesetzt. Die rückimplantierten Embryonen entwickeln sich in der Amme zu normalen jungen Mäusen. Hat die Amme die Jungen geboren, muss untersucht werden, ob eine der neugeborenen Mäuse transgen ist, ob die eingeschleuste DNA tatsächlich stabil in das Erbgut dieser Maus integriert worden ist. Aus einer kleinen Gewebeprobe am Schwanz wird eine DNA-Isolation vorgenommen. Die DNA vermehrt man zur besseren Handhabung mit der PCR. Da man aber nur Primer mit den Sequenzen der eingeschleusten rekombinanten DNA verwendet, kann nur diese in der PCR vermehrt und nachgewiesen werden.

Im allgemeinen findet man bei 15–30% der Mäuse einen stabilen Einbau der rekombinanten DNA, diese Tiere sind dann transgen. Der Einbau dieser DNA findet nach dem Zufallsprinzip statt. Da diese DNA auch in den Keimzellen integriert ist, wird die genetische Veränderung weitervererbt und den folgenden Generationen mitgegeben. In dem

Fall der transgenen Tiere findet eine gentechnische Veränderung auf dem Keimbahnniveau statt.

Was sind die Anwendungsbereiche transgener Tiere?

Ganz eindeutig liegt ein Schwerpunkt im biomedizinischen Bereich, dort erhoffen sich Wissenschaftler und Mediziner Aufklärung verschiedener Krankheitsmechanismen.

An dem gentechnisch induzierten Krankheits-Modell können dann die Forschungen durchgeführt werden, die am Menschen selbst schlichtweg nicht durchführbar sind. Als Beispiel kann die Alzheimer-Maus gelten. Dieses Modell eines transgenen Tieres bietet die Chance, sowohl den Ausbruch als auch den Verlauf der Krankheit beim Menschen zu simulieren.

Die Alzheimer Krankheit ist eine degenerative Erkrankung des Gehirns, die durch den unaufhaltsamen Verlust des abstrakten Denkvermögens und des Gedächtnisses gekennzeichnet ist. Damit einhergehend sind Persönlichkeitsveränderungen, Sprachstörungen und eine Störung der Bewegungsabläufe charakteristisch für diese Erkrankung, die etwa 1% aller 60–65-jährigen und über 30% der 80-jährigen befällt. Kennzeichen sind in der Endphase Ablagerungen auf Nervenzellen, die sogenannten Plaques im Neocortex (bestimmter Teil der Grosshirnrinde) und am Hippocampus (Teil des Grosshirns). Diese Ablagerungen bestehen aus Proteinen, wie den Beta-Amyloid-Proteinen, und zerstören die Nervenzellen.

Die Untersuchung von Familien, in denen gehäuft Alzheimer vorkommt, zeigt, dass beispielsweise eine Mutation in einem Beta-Amyloid-Gen für die Ansammlung der schädigenden Plaques und der Amyloid-Proteine im Gehirn verantwortlich ist.

Da es aus einleuchtenden Gründen unmöglich ist, Ausbruch und Verlauf der Alzheimer Krankheit am Menschen zu erforschen, war und ist das Tiermodell von allergrösster Bedeutung. Den transgenen Mäusen, die nachher gewisse Alzheimer-Symptome zeigten, wurde ein verändertes Gen eingeschleust, das den Hauptbestandteil der Ablagerungen im Gehirn ausmacht: das Gen für das Beta A 4-Protein. Mäuse, die dieses veränderte Transgen für das Beta A 4 besitzen, zeigen neben den charakteristischen Ablagerungen auch weitere Eigenschaften der Alzheimer Krankheit. Diese Tiere können zum Studium der Krankheit aber auch als Modelle zur Entwicklung und zum Testen neuer Therapien von Bedeutung sein.

Aber nicht nur die Alzheimer Krankheit ist durch transgene Tiere erforschbar geworden. Transgene Tiere dienen zur Aufklärung von

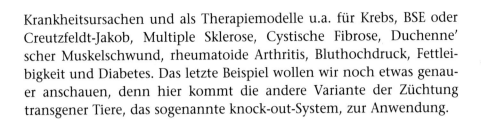

Krankheitsursachen und als Therapiemodelle u.a. für Krebs, BSE oder Creutzfeldt-Jakob, Multiple Sklerose, Cystische Fibrose, Duchenne' scher Muskelschwund, rheumatoide Arthritis, Bluthochdruck, Fettleibigkeit und Diabetes. Das letzte Beispiel wollen wir noch etwas genauer anschauen, denn hier kommt die andere Variante der Züchtung transgener Tiere, das sogenannte knock-out-System, zur Anwendung.

IV.3.1   Diabetes-Maus

Durch sehr eindrückliche Experimente mit transgenen Diabetes-Mäusen erhielten die Forscher der Labors von R. Zinkernagel und H. Hengartner an der Uni Zürich neue Erkenntnisse, die auf offene Fragen über den Mechanismus des Beginns und des Verlaufs einer Autoimmunkrankheit Antworten gaben.

Mit dem Krankheitsbegriff des Diabetes ist das Insulin assoziiert. Insulin ist ein Protein, das als Hormon, also als Botenstoff im Körper fungiert und den Blutzuckerspiegel regelt. Gebildet wird es in speziellen Zellen der Bauchspeicheldrüse (wiss. Pankreas), den Beta-Zellen der Langerhans'schen Inseln. Ein Diabetes entsteht dann, wenn kein oder viel zu wenig Insulin mehr gebildet wird und der Blutzuckerspiegel ausser Kontrolle gerät.

Warum bilden die Beta-Zellen beim TypI-Diabetes, der bereits bei Kindern und Jugendlichen ausbricht, kein Insulin mehr? Heute weiss man, dass die Zellen einer fehlgeleiteten Immunreaktion unseres Körpers, einer Autoimmunreaktion, zum Opfer gefallen und zerstört worden sind.

Welche Experimente haben das gezeigt? Um einen so komplexen Mechanismus nachzuvollziehen und zu beschreiben, mussten mehrere transgene Mausstämme hergestellt werden, denen verschiedene Gene eingeschleust worden waren, die also unterschiedlich transgen waren. Zuerst wurden transgene Mäuse gezüchtet, denen ein zusätzliches Gen, welches für ein Glykoprotein des LCMV codiert, durch Mikroinjektion in ihr Genom eingeschleust wurde. LMCV ist die Abkürzung für Lymphocytic Choriomeningitis Virus (Hirnhautentzündungsvirus).

Damit aber dieses Gen nur in den Beta-Zellen exprimiert wird, hat man als Promotor für dieses Gen den Insulin-Promotor (RIP) aus einer Ratte vorgeschaltet. In den Beta-Zellen der transgenen Mäuse wird nun das Glykoprotein (GP) des LCMV gebildet. Dieser transgene Mausstamm heisst RIP-GP. Noch findet keinerlei Immunreaktion auf dieses rekombinante Protein statt. Wird die transgene Maus aber mit dem

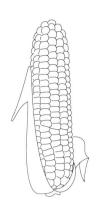

LCMV-Virus infiziert, so bildet ihr Immunsystem sofort Killerzellen gegen LCMV und eben auch gegen das LCMV-Protein in den Beta-Zellen. Die vom Immunsystem aktivierten Killer-Zellen zerstören nicht nur, wie es ihre Aufgabe ist, den von aussen eingedrungenen Virus, sondern vernichten auch die Beta-Zellen, die das LCMV-Protein gebildet haben, denn dieses Protein wird nun vom Immunsystem als fremd erkannt.

Nun findet bei der Aktion der Killer-Zellen die Zellzerstörung selber durch ein von der Killer-Zelle ausgeschüttetes Protein, dem Perforin, statt. Perforin wird in die Zellmembran der virusinfizierten Zelle oder der LCMV-Protein bildenden Beta-Zelle so eingebaut, dass sich Poren (= Kanäle) formen. Dies führt zum Absterben der Zelle. Um die Rolle des Perforins näher zu klären, wurde eine zweite transgene Mausart gezüchtet: die Perforin 0/0 Maus (s. Abb. 36). Dies bedeutet nichts anderes, als dass gentechnisch das Gen der Maus, das letztlich für Perforin codiert, durch die knock-out-Methode ausgeschaltet wurde mit der Folge, dass diese Maus kein Perforin mehr bildet. Das Ausschalten des Gens erreichte man durch das Einsetzen einer sogenannten «Neo»-Kassette in das Perforin-Gen. Diese Neo-Kassette ist ein Gen, das für eine Neomycin-Resistenz verantwortlich ist. Es wurde so in das dritte Exon des Perforin-Gens plaziert, dass keine funktionstüchtige mRNA mehr hergestellt werden konnte (s. Abb. 37).

Das bedeutet: keine Perforin-Produktion. Wie konnte man die gezielte Ausschaltung des Gens erreichen, wie konnte die Neo-Kassette gezielt eingebaut werden?

Nicht nur eine Antibiotika-Resistenz gegen Neomycin war auf der Neo-Kassette enthalten. Die flankierenden Sequenzen des Resistenzgens waren homolog zu den Sequenzen des Perforin-Gens, an denen die Wissenschaftler das störende Resistenzgen einsetzen wollten. Der Gentransfer fand bei diesem Experiment nicht durch die Mikroinjektion statt. In diesem Fall wurden embryonale Stammzellen der Maus in Kultur mit der Neo-Kassette versehen. Der Einbau an die richtige Stelle im Perforin-Gen geschah aufgrund der flankierenden Sequenzen durch homologe Rekombination.

Die DNA muss bei einer homologen Rekombination «ihre» Basensequenzen auf dem Genom finden. Erinnern wir uns: die Neo-Kassette enthielt Sequenzen aus dem Perforin-Gen.

Sie findet, so unwahrscheinlich das klingen mag, diese Sequenzen in ungefähr 1% der Fälle. An «ihrem» Gen angelangt, lagern sich die Sequenzen der Neo-Kassette an die komplementären Sequenzen des

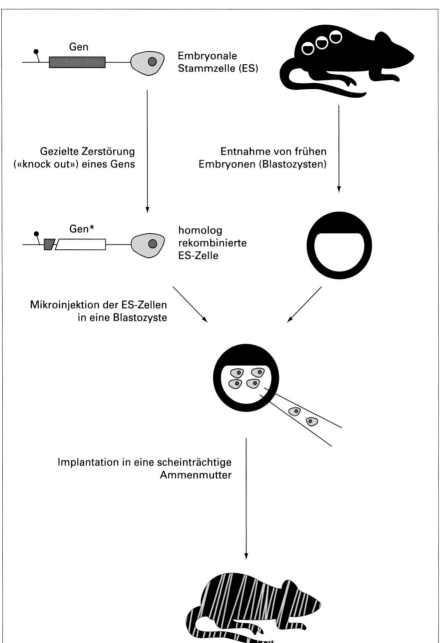

Gen

Embryonale
Stammzelle (ES)

Gezielte Zerstörung
(«knock out») eines Gens

Entnahme von frühen
Embryonen (Blastozysten)

Gen*

homolog
rekombinierte
ES-Zelle

Mikroinjektion der ES-Zellen
in eine Blastozyste

Implantation in eine scheinträchtige
Ammenmutter

Chimäre Jungtiere
(~15% der injizierten Blastozysten)

Abb. 36   Knock-out-Maus – Schlüssel für neue Erkenntnisse

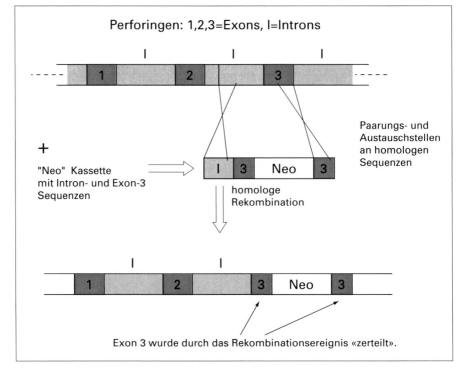

Abb. 37   Homologe Rekombination
In die embryonalen Stammzellen wird ein Teil des Perforin-Gens mit Intron und Exon-3
Sequenzen sowie der Neomycinresistenz (Neo) eingeschleust. Das Exon 3 des Perforin-
Gens ist aber durch die Neo-Kassette unterbrochen und damit funktionsuntüchtig.
Diejenigen Zellen, in denen die homologe Rekombination und damit der Einbau der Neo-
Kassette stattgefunden hat, haben nun eine Neomycinresistenz und können auf diese hin
selektiert werden. Allerdings haben diese Zellen auch ein zerrissenes Exon 3 des Perfo-
rin-Gens und können somit kein intaktes Perforin mehr herstellen. Dies führt zum Knock-
out-Effekt für die Herstellung des Perforin.

Homologe Rekombination ist ein Ausdruck aus der klassischen Genetik. Sie ist wichtig für die Erzeugung genetischer Vielfalt durch die
Kombinationsmöglichkeit der Gene in einem Organismus. Sie beschreibt, kurz gefasst, den reziproken Austausch von DNA-Strängen
zwischen zwei Chromosomen oder Doppelstrang-DNA-Molekülen
durch Bruch und Wiedervereinigung. Dies geschieht durch eine
Hybridisation komplementärer Sequenzen im Genom und mit Hilfe
bestimmter Enzyme, die Rekombinasen genannt werden.

Perforin-Gens an. Durch kreuzweises Anlagern, Brechen und Wieder-verknüpfen der beiden Doppelstrangbereiche wird die Neo-Kassette eingekreuzt. Die Zellen mit einem geglückten Einbau können aufgrund ihrer Neomycin-Resistenz einfach selektioniert werden. Ein weiterer Test zeigt dann, ob das Perforin-Gen so ausgeschaltet ist, dass kein Perforin mehr gebildet wird. Ist dies der Fall, werden die entsprechenden Zellen in das embryonale Frühstadium und danach einer Maus implantiert. Die entstehenden Tiere werden zu reinerbigen Perforin 0/0 Mäusen weitergezüchtet. Diese Mäuse nun können gewisse Viren nicht mehr eliminieren, weil ihnen das Perforin fehlt und damit ein Schritt in der Immunabwehr ausfällt. Durch Kreuzung der beiden beschriebenen transgenen Mausstämme, nämlich der RIP-Maus und der Perforin 0/0 Maus, erhielt man doppelt transgene Mäuse, die auf der einen Seite das LCMV-Protein in den Beta-Zellen produzieren, deren Killer-Zellen aber kein Perforin mehr auszuschütten vermögen. Nach einer Infektion mit dem Virus wanderten die perforinlosen Killerzellen zwar zu den Beta-Zellen, aber deren Zerstörung fand nicht statt. Die Mäuse wurden nicht Diabetes-krank. Perforin ist somit offenbar in diesem Modell der entscheidende Faktor, der für die Auslösung der Autoimmunkrankheit Diabetes vom TypI verantwortlich ist.

IV.3.2 Gentechnik und Xenotransplantation

Die Transplantation von Organen beim Menschen ist in den 90er Jahren zu einer medizinischen Routineoperation geworden. In der Schweiz allein wurden über 3000 Operationen dieser Art vorgenommen. Durch die Entwicklung der medizinisch-technischen Möglichkeiten in den letzten 20 Jahren liegt einer der limitierenden Faktoren für eine Transplantation nicht mehr bei der Durchführung einer solchen, sondern bei dem Mangel an geeigneten Spenderorganen. Die Wartezeit auf ein Organ betrug in der Schweiz 1996 durchschnittlich 512 Tage. Um den Mangel an menschlichen Spenderorganen zu beheben, werden Forschungen betrieben, die dazu führen sollen, dass tierische Organe auf den Menschen transplantiert werden können.

Werden Organe, Gewebe oder Zellen von Mensch zu Mensch übertragen, sprechen wir von einer Allotransplantation. Findet die Übertragung aber über die Artgrenzen hinweg statt, so bezeichnet man das als Xenotransplantation. Beim Menschen sprechen wir von Xenotransplantation, wenn Organe, Gewebe oder Zellen von Tieren transplantiert werden.

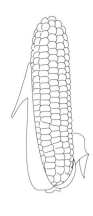

Das grosse Problem bei der Xenotransplantation ist die heftige, kaskadenartig ablaufende Reaktion des menschlichen Immunsystems auf den eingebrachten «Fremdkörper». Wenn zum Beispiel ein Schweineherz auf den Menschen übertragen wird, kann eine Abstossungsreaktion dadurch ausgelöst werden, dass im menschlichen Blut vorhandene Antikörper, deren Menge sich nach der Transplantation noch vergrössern kann, eine bestimmte Zelloberflächenstruktur des Transplantates erkennen. Eine Bindung der Antikörper an diese Oberflächenstruktur führt zur Aktivierung des sogenannten Komplementsystems, einer Kette von proteinspaltenden Enzymen, das die Zellen des Transplantates zu zerstören vermag. Dies hat die hyperakute Abstossung des Transplantates zur Folge. Diese hyperakute Abstossung kann dazu führen, dass das tranplantierte Organ bereits wenige Minuten bis Stunden nach der Übertragung abstirbt. Besonders wesentlich für diese Form der Immunantwort ist das sogenannte αGal-Epitop. Dieses Carbohydrat ist auf der Zelloberfläche bei bestimmten Tieren, die als Organspender vorgesehen sind (z.B. Schwein), vorhanden, beim Menschen hingegen nicht. Infolgedessen signalisiert das Gal-Epitop dem menschlichen Immunsystem die Anwesenheit eines Fremdkörpers. Da der Mensch normalerweise bereits Antikörper gegen das Gal-Epitop besitzt, kann die obengenannte hyperakute Abstossung rasch erfolgen.

Heftige Reaktionen des Immunsystems werden von gewissen Faktoren reguliert, kontrolliert und abgeschwächt. Zu diesen Faktoren gehören die RCAs (Regulators of complement activation), die Regulatoren des Komplementsystems. Diese RCAs sind speziesspezifisch. Das bedeutet, nur menschliche RCAs (hRCAs) können regulierend auf das menschliche Immunsystem wirken, nicht aber diejenigen von einem Affen oder Schwein. Um die Immunreaktion nach einer Xenotransplantation abzuschwächen und zu regulieren, könnte man sich vorstellen, das übertragene tierische Organ mit «menschlichen» RCAs auszurüsten. Schweine sind aus diversen Gründen geeignete Organspender. Die Expression menschlicher RCAs in einem Schweineorgan bedingt die Züchtung transgener Schweine, die menschliche RCAs auf ihrer Zelloberfläche bilden. Bei einem dem Menschen übertragenen Transplantat von einem hRAC-transgenen Schwein könnte der RCA-Faktor das menschliche Komplementsystem kontrollieren und somit eine hyperakute Abstossung verhindern.

Transgene Schweine, die menschliche RCAs auf ihrer Zelloberfläche bilden sollen, müssen in ihrem Genom die entsprechenden codierenden Gene tragen.

Die bereits bekannte Technik der Mikroinjektion wurde benutzt, um 2000 Kopien eines Gens, das 6.5 kb gross war, in das Schweinegenom einzuschleusen. Das Gen codiert für ein RCA, das DAF (Decay accelerating factor) genannt wird, und wurde als Plasmid in den Vorkern eines befruchteten Eis injiziert. Humanes DAF ist fähig, das menschliche Komplementsystem zu regulieren und damit die hyperakute Abstossung zu verhindern. Das so behandelte Ei wurde einer «Surrogatmutter» implantiert. Von 2500 Zygoten erhielt man lediglich 33 Ferkel, die das gewünschte menschliche Gen exprimierten. Homozygote Linien dieser Schweine wurden weitergezüchtet.

Die Transplantation von Herzen dieser transgenen Schweine in Affen zeigten im Vergleich zu «normalen » Schweineherzen eine Überlebensdauer von 40 Tagen. Im Vergleich dazu fand nach der Transplantation «normaler» Schweineherzen eine hyperakute Abstossung statt.

Die Xenotransplantation in bezug auf Organe artfremder Spender ist zum heutigen Zeitpunkt noch im Versuchsstadium und wird wahrscheinlich erst in der folgenden Dekade für entsprechende Transplantationen, die den Menschen betreffen, in Frage kommen. Daher haben wir hier nur das eine Beispiel, wie die Gentechnik in die Bedürfnisse der Xenotransplantation von Organen involviert sein kann, aufgeführt. Ein weiteres Beispiel, wie Gentechnik die Belange der Xenotransplantation unterstützen kann, ist die Züchtung von gentechnisch veränderten tierischen Zellen, die dem Menschen bei einer Gentherapie transplantiert werden.

BHK (Baby Hamster Kidney) Zellen, die seit langem in Zellkultur gehalten werden, konnten gentechnisch so verändert werden, dass sie den menschlichen «Ciliary Neurotrophic Factor» bilden und ausschütten. Dieser Faktor, hCNTF, kann gentherapeutisch bei einer Erkrankung des zentralen Nervensystems, der amyotrophen Lateralsklerose (ALS), eingesetzt werden. ALS gilt als neurodegenerative Erkrankung mit tödlichem Ausgang. Sie ist gekennzeichnet durch den fortschreitenden Verlust funktionierender motorischer Neuronen im zentralen Nervensystem. Behandlung dieser Krankheit mit hCNTF durch Infusion hatte starke Nebenwirkungen, die den möglichen Erfolg der Behandlung aufhoben. Eine Überlegung zur Verabreichung des hCNTF an Patienten mit dieser Erkrankung war, Zellen in das Gehirn von Patienten zu implantieren, die den hCNTF an das umliegende Gewebe abgeben, um so die Krankheitserscheinung zu beheben. Die gentechnisch veränderten BHK Zellen, nun BHK-hCNTF genannt, enthielten jeweils 38 Kopien des hCNTF-Gens. Um Abstossungen des Implantates durch das

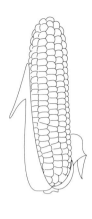

Immunsystem der Patienten zu verhindern, wurden diese Zellen in einer durchlässigen Membran eingehüllt und in das Hirngewebe implantiert. An das umliegende Gewebe wurde während der Implantationszeit von 17 Wochen hCNTF abgegeben. Messungen zeigten, dass die Patienten in diesem Zeitraum ein messbares Vorkommen des hCNTF in der Hirnflüssigkeit aufwiesen, ohne allerdings die Nebenwirkungen einer Infusionstherapie zu zeigen.

Die bisherigen Ergebnisse dieser Gentherapie mit xenogenen, gentechnisch veränderten Zellen legen Möglichkeiten offen, gentechnisch veränderte xenogene Zellen zu therapeutischen Zwecken zu nutzen. Aber auch hier ist man noch weit entfernt, diese Form der Behandlung als Standardtherapie etablieren zu können.

IV.3.3   Gen-Farming oder Gene-Pharming

Neben dem Anwendungsbereich in der biomedizinischen Forschung ist vor allem in den letzten Jahren ein weiteres Gebiet interessant geworden, das Gene-Pharming oder auch Gen-Farming.

Das Prinzip umfasst nichts anderes, als die transgenen Tiere als Bioreaktoren zu verwenden, und zwar dann, wenn sich pharmazeutisch wirkende Proteine auch mit gentechnischen Methoden weder in Mikroorganismen noch in Zellkulturen in genügenden Mengen herstellen lassen.

Ein einprägsames Beispiel ist die Bildung menschlichen α 1 Antitrypsins (AAT) durch ein transgenes Schaf. Dieses transgene Tier erhielt man durch die Einschleusung des menschlichen AAT-Gens und dessen spezifischer Expression in den Milchdrüsen.

Dieses AAT wird in der Medizin bei der Behandlung von Lungenemphysemen (einer Krankheit, die zur Zerstörung der Lungen führt) eingesetzt. Das transgene Tier scheidet dieses Protein mit seiner Milch aus, etwa 35 g pro Liter. 2000 transgene Schafe können den weltweiten Bedarf dieses Medikamentes decken. Die konventionelle Weiterzucht dieser transgenen Tiere nennt man Gen-Farming (Gene-Pharming). Weitere pharmazeutisch wirksame Proteine sind im Gen-Farming produziert worden: Blutgerinnungsfaktor IX, Lactoferrin, Urokinase, Interleukin-2.

Die Herstellung von Proteinen durch Gene-Pharming über längere Zeit verlangt eine gesicherte Weiterzucht der transgenen Tiere. Dies bedingt, dass dafür eine Tierart ausgewählt wird, die gewisse Anforderungen, wie einfache Weiterzucht, geringe Anfälligkeit gegen Krankheiten, erfüllt. Es ist anzunehmen, dass das Genprodukt, dessen Gen durch Gentransfer eingeschleust worden ist, in seiner Menge im Laufe der Weiterzucht sich verändert bzw. dass die Expression unstabil wird und sich damit die transgene Linie nicht mehr zur Produktion eignet. Eine neue Linie mit hohem Produktionspotential könnte erhalten werden, wenn es gelingt, aus dem ursprünglichen, gut produzierenden transgenen Tier durch «Klonen» identische Abkömmlinge zu erzeugen. Die publicityträchtigen Schafe Dolly und Polly sind vor einiger Zeit durch Techniken des Klonens erzeugt worden. Diese Techniken sind keine gentechnischen Methoden, sondern gehören zu den Techniken der Fortpflanzungsmedizin. Die Züchtung transgener Herden kann somit mit der Anwendung gentechnischer wie auch Methoden der Fortpflanzungsmedizin sicherer erreicht werden.

Ziegen weisen gegenüber Schafen und Kühen als Produzenten für Biopharmazeutika einige Vorteile auf. Einerseits haben Ziegen eine kurze Generationszeit und andererseits sind sie wesentlich weniger anfällig gegenüber Krankheiten wie z.B. Scrapie (gewisse Form von BSE). Herden von transgenen Ziegen könnten pro Jahr ohne weiteres 1–300 kg gereinigtes Medikament liefern (1–5 g/l Milch). Um transgene Ziegenherden und somit Biopharmazeutika in der Milch erfolgreich entwickeln zu können, sind zwei Techniken von Wichtigkeit: einerseits die rasche und effiziente Herstellung von transgenen Tieren und andererseits das erfolgreiche Erzeugen von Tieren aus somatischen Zellen mit identischem Erbgut (Klonen).

Transgene Ziegen werden seit Mitte der 80er Jahre durch DNA-Injektion in die Vorkerne einer befruchteten Eizelle erzeugt. Allerdings ist die Integration von genetischem Material in das Erbgut der Eizelle gering und zudem sind die daraus resultierenden Tiere oft genetische Mosaike (Mischung von Zellen mit integrierter und ohne Fremd-DNA), was die Erzeugung von transgenen Herden schwierig macht. Das Klonen von Ziegen, ausgehend von somatischen, genetisch einheitlichen Zellen, könnte die Herstellung von Herden gleicher Tiere wesentlich beschleunigen. Klonen ist heute zwar eine etablierte, aber nicht ganz einfache und in allen Vorgängen verstandene Technologie. 1996 ist erstmals das erfolgreiche Klonen von Schafen durch Transfer von Zellkernen aus Zellkulturen gelungen. Das erste Klonen von Ziegen ausgehend von somatischen Zellkernen wurde erstmals 1998 beschrieben. Dazu wurden Kerne aus frühen embryonalen Entwicklungsstadien benutzt. Der Befund nun, dass auch Kerne aus differenziertem Gewebe oder aus Kulturen von Embryonen oder sogar von Zellen aus in vitro Zellinien eine Eizelle aktivieren und somit nach Implantation in ein

Muttertier zur Entwicklung von Nachkommen führen können, eröffnet neue Möglichkeiten zur Erzeugung transgener Herden. Aus transgenen Ziegenfoeten wurden Zellinien von primären Fibroblasten (Bindegewebszellen) gezüchtet. Die verwendeten Ziegenfoeten stammten aus einer Kreuzung von Ziegen, bei denen das männliche Tier von einer transgenen, das weibliche aus einer normalen Linie stammte. Die transgenen Ziegen haben in ihrem genetischen Material ein menschliches Gen für den Proteasehemmer (Protease = proteinspaltendes Enzym) Antithrombin unter der Kontrolle eines genetischen Elementes, das dieses menschliche Gen in den Brustdrüsenzellen durch Hormone aktivieren kann. Dadurch findet man das menschliche Antithrombin, das medizinisch z.B. bei grossen Herz- und Gefässoperationen als Blutgerinnungshemmer (Antikoagulans) eingesetzt wird, in der Milch der weiblichen transgenen Ziegen aus dieser Kreuzung wieder. Eine weibliche Zelllinie aus Foeten obiger Keuzung wurde als Kernspender (transgene Donorzelle) ausgewählt. Eizellen als Empfängerzellen wurden von weiblichen Ziegen erhalten, bei denen man die Eireifung durch Hormongaben und Begattung mit einem sterilen Männchen einleitete. Diese Eizellen wurden in einem bestimmten Reifestadium entkernt, das heisst, ihr genetisches Material, die DNA, wurde entfernt. Die entkernte Eizelle erhielt durch die Methode der Elektrofusion den Kern der transgenen Donorzelle und damit auch deren DNA. Durch dieses Verfahren wurde die Eizelle gleichzeitig zur Weiterentwicklung angeregt. Nach einer Weiterzucht für zwei Tage in Kulturschalen wurde der Embryo einer Ammenziege implantiert. Von insgesamt 285 behandelten Eizellen konnten 112 Embryonen in 38 weiblichen Ziegen zur Weiterentwicklung implantiert werden. Davon wurden nach 150 Tagen Tragzeit drei genetisch identische, transgene Jungtiere geboren. Beim erstgeborenen Tier wurde im Alter von zwei Monaten durch Hormongabe die Milchbildung stimuliert. In den Milchproben konnte das menschliche Antithrombin nachgewiesen werden. Im vorliegenden Fall wurden die Kernspender-Zelllinien von bereits transgenen Embryonen hergestellt. Transgene Kälber konnten bereits erzeugt werden, indem Zellkerne einer in vitro genetisch veränderten (transgenen) Zelllinie in vorher entkernte Eizellen eingeführt wurden. Lässt sich nun die bei Kälbern bereits erfolgreiche genetische Veränderung von Zellkulturen auch bei Ziegen anwenden und mit dem erfolgreichen Klonen verknüpfen, so sollte es in der Tat möglich werden, Ziegenherden zu züchten, die pharmazeutisch wirksame Proteine in der Milch produzieren. Zelllinien lassen sich konservieren und dadurch

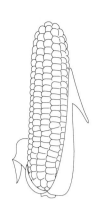

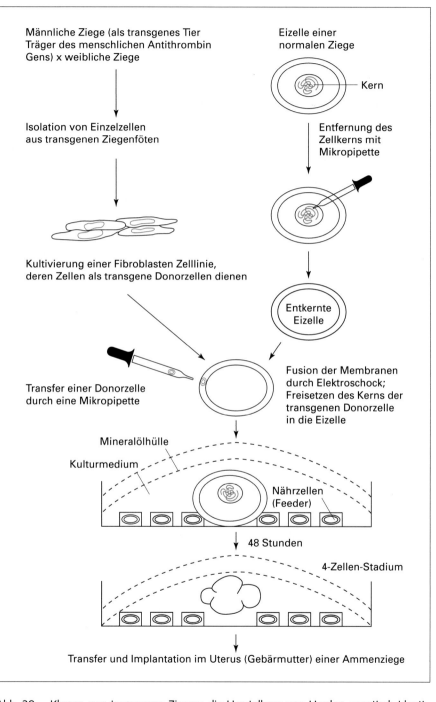

Abb. 38   Klonen von transgenen Ziegen: die Herstellung von Herden genetisch identischer Tiere

können die gleichen transgenen Herden immer wieder neu nachgezüchtet werden.

IV.4   Gentherapie und Stammzellen

Die Gentherapie wurde im Jahre 1990 aus dem Bereich der Versuchsstadien und der Tierversuche in den Anwendungsbereich beim Menschen gerückt. Dies geschah in den USA. Behandelt wurden damals zwei Kinder, die an der äusserst seltenen Erbkrankheit der Adenosin-Deaminase-Defizienz (ADA-Mangel) litten. Diese Krankheit betrifft das Immunsystem mit der Konsequenz, dass jede Infektion für die Betroffenen fatale Folgen haben kann. Ein Mangel des Enzyms bewirkt den Zusammenbruch des Zellstoffwechsels gewisser weisser Blutkörperchen, den T-Lymphozyten, die eine zentrale Rolle in unserem Immunsystem innehaben.

Mit dieser ersten am Menschen durchgeführten Gentherapie stellte sich für viele die Frage: Was ist eigentlich Gentherapie?

Wir wissen, dass ein Gen ein definierter Abschnitt auf unserer Erbinformation, der DNA, ist. Dieses Gen codiert für ein Genprodukt, in der Regel ein Protein. Beispiel: Das Gen für den Blutgerinnungsfaktor VIII codiert für das Protein Faktor VIII. Ist dieses Gen defekt, so wird kein oder ein fehlerhafter Faktor VIII gebildet, der Betroffene leidet unter der Bluterkrankheit (Hämophilie). Erst der Ersatz des defekten Gens durch eines, das in korrekter Form vorliegt, könnte die Ursache dieser Erbkrankheit beheben.

Es ist also eine Korrektur auf dem DNA- oder Gen-Niveau, die man Gentherapie nennt. Heute versteht man darunter im erweiterten Sinne generell die Einschleusung von zusätzlicher DNA in Körperzellen mit dem Ziel der therapeutischen Behandlung.

Grundsätzlich unterscheidet man zwei Arten von Gentherapie: Da ist zum einen die Keimbahntherapie, bei der die DNA in den Keimzellen (Zellen, aus denen Eier und Spermien hervorgehen) durch einen Gentransfer verändert wird. Diese Veränderung, bei der die erfolgte Genkorrektur weitervererbt wird, ist in der Schweiz beim Menschen verfassungsmässig untersagt.

Die zweite Art der Gentherapie heisst somatische Gentherapie. In diesem Fall werden bestimmte Zielzellen des Körpers durch eine Genübertragung auf dem DNA-Niveau verändert. Als somatische Zellen des Körpers bezeichnet man alle Zellen ausser den Keimzellen.

116

Bei der somatischen Gentherapie ist also die genetische Veränderung nicht auf die Nachkommenschaft übertragbar. Sie kann somit durchaus mit einer Gewebe- oder Organtransplantation verglichen werden.

Die somatische Gentherapie steht, selbst 10 Jahre nach der ersten Behandlung am Menschen, noch am Beginn der Entwicklung. Es gibt zwei Kategorien der Behandlungsform:

1. die ex vivo Gentherapie (auch in vitro Gentherapie genannt)
2. die in vivo Gentherapie

Als spezielle Anwendung werden wir noch die Antisense Therapie erwähnen.

Eines der Hauptprobleme in der Gentherapie stellt die Genübertragung dar. Wie erreicht das korrekte Gen die korrekturbedürftigen Zielzellen in unserem Körper? Es gibt dafür verschiedene Ansätze, von denen folgende am meisten angewandt werden:

1. Gentransfer durch Viren, die als Genfähren funktionieren (Abb. 39).
2. Gentransfer durch Liposomen (kleine Fettkügelchen, in denen das therapeutische Gen eingepackt ist und die von den Zellen aufgenommen werden).

Als Vektoren für die ex vivo Genübertragung dienen häufig Viren, und zwar die Retroviren. Allerdings ist die Anwendung der viralen Vektoren trotz guter Übertragungsrate, wie bereits im ersten Teil erwähnt, nicht ohne Probleme.

Das Retrovirus, ein gut funktionierender Vektor, hat die unangenehme Eigenschaft, durch zufällige Integration in Kombination mit anderen Viren krebsartige Veränderungen hervorzurufen. Daher wird dieses Virus nur in der ex vivo Gentherapie angewandt. Zusätzlich muss dafür gesorgt werden, dass die Umwandlung der transgenen Zellen in eine Krebszelle ausgeschlossen ist, bevor reimplantiert wird. Weitere Forderung einer erfolgreichen Übertragung ist die Notwendigkeit, dass das eingeschleuste Gen auch nach seiner Übertragung aktiv bleibt und das gewünschte Genprodukt herstellt.

Mögliche Anwendungsgebiete sind Krebserkrankung und andere Erbkrankheiten.

Bei der in vivo Gentherapie werden dem betroffenen Patienten keine Zellen entnommen, sondern die gentechnische Veränderung erfolgt im Organismus des Patienten. Als Vektoren kommen hier beson-

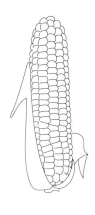

ders das Adenovirus (bei Cystischer Fibrose) oder der Transport des therapeutischen Gens durch Liposomen in Frage. Bei dem Transport durch den Adenovirus wird zuerst das therapeutische Gen in das Virus eingebracht, dieses gentechnisch soweit «entschärft», dass es sich nicht mehr infektiös verhält, bevor es dem Patienten appliziert wird.

Auch hier sind die Anwendungsgebiete in der Behandlung von Krebserkrankungen und anderen Erbkrankheiten wie z.B. bei der cystischen Fibrose gegeben.

Bei der Methode des Gentransportes durch Liposomen wird das therapeutische Gen in winzige Fettkügelchen (Liposomen) verpackt. Zellen haben die Tendenz, diese Liposomen zu «schlucken». Damit ist auch das therapeutische Gen im Zellinneren. Hier allerdings sind noch die Probleme der Spezifität für die Zielzellen zu lösen, da Liposomen von einer Vielzahl verschiedener Zellen aufgenommen werden. Diese Methode wurde besonders bei der cystischen Fibrose probiert.

Bei der Antisense-Therapieform wird versucht, den Abruf der genetischen Fehlinformation, zum Beispiel eine Mutation in einem Gen, das in der mutierten Form Krebs erzeugt (Onkogen), zu verhindern. Diese Methode setzt daher andere Schwerpunkte als die ex vivo und in vivo Methode, bei denen es darum ging, ein gesundes für ein krankes Gen einzubringen. Der Stop der Informationsverarbeitung findet bei der Antisense-Methode auf dem Niveau der Translation, also der Umsetzung der genetischen Information in Protein statt. Ein bestimmtes, inkorrektes Zielprotein kann dann entweder überhaupt nicht mehr oder nur noch stark reduziert gebildet werden. Ansätze für die Anwendung der Antisense-Methode ergeben sich besonders in der Krebstherapie. Wenn ein Tumor zu seinem Wachstum bestimmte Proteine als Wachstumsfaktoren braucht, könnte man gerade diese durch die Antisense-Methode in ihrer Produktion hemmen, und so den Tumor aushungern. Die Antisense-Methode scheint daher besonders sinnvoll, wenn Proteine im Übermass oder in inkorrekter Form zum Beispiel Tumorwachstum fördern und in ihrer Bildung gehindert werden sollen.

Die Entdeckung Ende der 90er Jahre, dass doppelsträngige RNA (dsRNA) den sogenannten RNA-Interferenz (RNAi) Prozess auslöst und Gen-Aktivitäten reguliert, wird heute bereits in vitro und an Tieren anstelle der Antisense-Methode verwendet. Bei der RNAi-Methode werden statt Antisense-Oligonukletiden sogenannte «short interfering RNAs» (siRNA), also kurze RNA Sequenzen, verwendet und entweder direkt oder mit viralen Vektoren in die Zellen eingebracht.

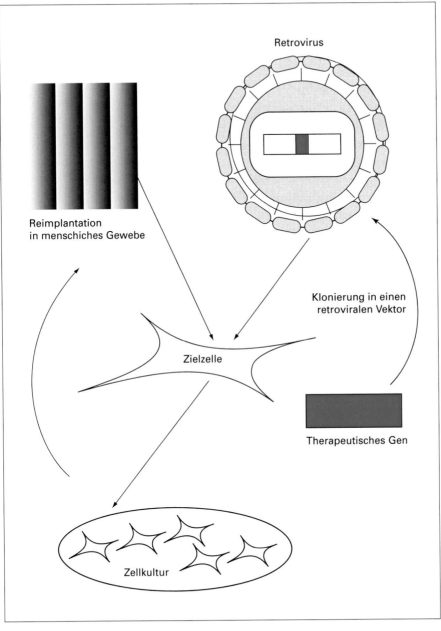

Abb. 39 Der retrovirale Vektor – So kann man ihn in der Gentherapie anwenden
Das therapeutische Gen wird in einen Retrovirus, der gentechnisch für die Bedürfnisse in der Gentherapie verändert wurde, eingeschleust (s. Abb. 19). In Gewebezellen menschlicher oder tierischer Herkunft wird das therapeutische Gen durch den retroviralen Vektor übertragen. Die transgenen Zellen werden in Zellkultur vermehrt und wieder in das Gewebe zurückverpflanzt. (Schematische Darstellung)

IV.4.1 Anwendungsbeispiele für die somatische Gentherapie

ADA-Defizienz
Akute myeloische Leukämie
AIDS
Arteriosklerose
Cystische Fibrose
Fabry-Syndrom
Gaucher-Krankheit
Hämophilie A und B
Hypercholesterinämie
Lungenemphysem durch AAT-Mangel
Osteoporose
Parkinson-Syndrom
Sichelzellanämie
verschiedene Krebsarten

Auch wenn die Anwendungsbeispiele Hoffnungsträger sind: Die Probleme, Gentherapie zu einer routinemässig angewandten Therapie werden zu lassen, sind noch sehr gross, und wir werden noch geraume Zeit warten müssen, bis die Anwendung der Gentherapie eine Selbstverständlichkeit wird, wie zum Beispiel die medikamentöse Behandlung von Diabetes mit gentechnisch hergestelltem Insulin.

IV.4.2 Stammzellen

Das Thema Stammzellen wird zunehmend in breiter Öffentlichkeit diskutiert. Das allgemeine Interesse ist nicht nur auf die notwendigen und intensiven Diskussionen im wissenschaftlich-ethischen Bereich zurückzuführen, sondern vor allem darauf, dass sich mit der Forschung an Stammzellen eine grosse Hoffnung in bezug auf neue, wirksame Therapien bei fatalen Erkrankungen verbindet. Die Behandlung mit Stammzellen per se beinhaltet noch keine Gentechnik, diese ist erst dann im Spiel, wenn Stammzellen durch einen gezielten Eingriff in das Erbgut verändert werden.

Was sind Stammzellen?
Stammzellen sind der Ursprung eines vielzelligen Organismus. Dieser Organismus setzt sich aus vielen verschiedenen Zelltypen zusammen, welche die vielfältigen Funktionen eines Lebewesens zu übernehmen haben. Die Spezialisierung (auch Differenzierung) der diversen Zellty-

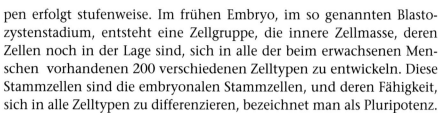

pen erfolgt stufenweise. Im frühen Embryo, im so genannten Blastozystenstadium, entsteht eine Zellgruppe, die innere Zellmasse, deren Zellen noch in der Lage sind, sich in alle der beim erwachsenen Menschen vorhandenen 200 verschiedenen Zelltypen zu entwickeln. Diese Stammzellen sind die embryonalen Stammzellen, und deren Fähigkeit, sich in alle Zelltypen zu differenzieren, bezeichnet man als Pluripotenz.

Auch wenn ein Organismus voll entwickelt ist, erneuern viele Organe und Gewebe ihre Zellen regelmässig aus dem Reservoir von organspezifischen Stammzellen, allerdings diesmal sind es adulte Stammzellen, die nur noch ein begrenztes Vermögen der Differenzierung haben. Hier sprechen wir von Multipotenz.

Während die Forschung mit humanen adulten Stammzellen weitgehend sowohl wissenschaftlich wie auch rechtlich-ethisch Akzeptanz gefunden hat, bleibt die Forschung und Benutzung embryonaler Stammzellen umstritten.

Warum?

Für eine Therapie beim Menschen müssen embryonale Stammzellen aus menschlichen Embryonen gewonnen werden. Diese Embryonen können zum Teil durch künstliche Befruchtung erhalten werden, oder aber sie können durch eine Übertragung eines Kerns einer adulten Körperzelle in eine entkernte, befruchtete Eizelle erzeugt werden. In beiden Fällen entsteht ein menschlicher Embryo. Bei der letztgenannten Methode allerdings ist dieser Vorgang als menschliches Klonen zu bezeichnen.

Totipotente Stammzellen

Zellen, welche das Potential besitzen sich zu spezialisierten Zellen aller Organe, welche einen mehrzelligen Körper ausmachen, und zu Zellen von ausserembryonalem Gewebe, wie die Plazenta, zu differenzieren. Normalerweise handelt es sich um embryonale Zellen in den frühen Teilungsstadien nach der Befruchtung.

Pluripotente Stammzellen

Zellen, welche das Potential besitzen sich zu spezialisierten Zellen aller Organe, welche einen mehrzelligen Körper ausmachen, zu differenzieren. Hier handelt es sich zum Beispiel um Zellen der inneren Zellmasse im Blastozystenstadium der Säugerentwicklung. Aus solchen Zellpopulationen können sogenannte embryonale Stammzellen isoliert werden.

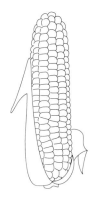

Multipotente Stammzellen

Zellen, welche sich in eine beschränkte Anzahl verschiedener Typen von Zellen, charakteristisch für bestimmte Gewebe und Organe, differenzieren können. Als Beispiele können hämatopoietische Stammzellen oder neuronale Stammzellen angeführt werden.

Differenzierung

Unter Differenzierung einer Zelle versteht man die schrittweise Ausbildung von Eigenschaften charakteristisch für bestimmte Gewebe und Organe (z.B. Blutzellen, Nervenzellen, Leberzellen etc.) und damit die Einschränkung der Möglichkeit, sich Eigenschaften anderer unterschiedlicher Zelltypen anzueignen. Als «terminal differenziert» bezeichnet man eine Zelle deren Zustand «fixiert» und nur noch zu bestimmten Aktivitäten fähig ist. Jüngste Versuche zeigen, dass dieser Zustand des Zellkerns mit den Erbanlagen unter bestimmten Bedingungen reversibel ist (Dolly, Klonen).

IV.4.2.1 Stammzellen in Forschung und Therapie

Die Erkenntnis, dass neuronale Stammzellen in der Lage sind, Nervengewebe zu «reparieren», hat für bestimmte neurologische Erkrankungen eine besondere Bedeutung. Lange Zeit galt das Nervengewebe als nicht reparabel, die neuesten Erkenntnisse aber haben sowohl für neurodegenerative Erkrankungen wie Alzheimer oder Parkinson, als auch für unfallbedingte Schädigungen des Hirns oder des Rückenmarks eine wichtige Möglichkeit der Therapierbarkeit eröffnet. Anstoss für die Entdeckung neuronaler Stammzellern gaben die klassischen Untersuchungen der Hämatopoiese (Blutbildung) und der neuronalen Entwicklung bei Invertebraten (wirbellose Tiere). Diese Entdeckungen wiederum gaben den Anstoss, bei Säugetierembryonen auch nach neuronalen Stammzellen zu suchen. Diese wurden im embryonalen Gewebe des zentralen und des peripheren Nervensystems gefunden. Mit der weitergehenden Forschung wurden neuronalen Stammzellen auch im adulten Gehirn gefunden. Zwei Regionen sind hauptsächlicher «Lieferant» dieser Art von Stammzellen: der Hippocampus und die subventrikuläre Zone (SVZ). Auch im Rückenmarksstrang wurden diese Stammzellen gefunden. Der zelluläre Mechanismus zur Neurogenese (Nervenbildung) im adulten, also Erwachsenenstadium, gab die faszinierende Möglichkeit frei, dass das zentrale Nervensystem, entgegen der bisherigen Erfahrung, sehr wohl regenerative Eigenschaften besitzt.

Die verschiedenen Zelltypen im Gehirn entstehen nicht gleichzeitig, sondern in unterschiedlicher zeitlicher Reihenfolge. Die zeitliche Abfolge der Differenzierung ist für bestimmte Hirnregionen, aber auch von Spezies zu Spezies, verschieden. Die zeitlichen Abläufe der Zelldifferenzierung sind einerseits von der räumlichen Lage der Stammzellen im Hirn (positional information) und andererseits von einer inneren Uhr (temporal information) gesteuert. Mit Übernahme von speziellen Funktionen werden die Stammzellen in ihrem Entwicklungspotential entlang der Zeitachse eingeschränkt. Stammzellen aus frühen Embryonalstadien haben ein höheres Entwicklungspotential als Stammzellen späterer Entwicklungsstadien. Zudem können sich Stammzellen symmetrisch und später asymmetrisch teilen, das heisst, in einer frühen Entwicklungsphase teilt sich die Stammzelle in zwei gleichwertige Stammzellen, während die Teilung einer Stammzelle in einer späteren Phase zu je einer Stammzelle und einer Nervenzelle führt. Dieser Differzierungsmodus gilt nicht nur für Zellen des zentralen Nervensystems, sondern auch für das periphere Nervensystem. Was wissen wir über die molekularen Grundlagen dieses Verhaltens von neuronalen Stammzellen? Änderungen im Entwicklungspotential von Stammzellen werden durch unterschiedliche Reaktionen auf bestimmte Wachstumsfaktoren ausgelöst. Rezeptoren für solche Wachstumsfaktoren sind in Stammzellpopulationen je nach Alter ihrer Herkunft in unterschiedlicher Menge auf der Zelloberfläche vorhanden. Zudem hat man Evidenz dafür, dass die Moleküle der intrazellulären Signalübertragung sich im Entwicklungsprozess der Stammzellen verändern. Dies führt dazu, dass Stammzellen verschiedener Entwicklungsstadien unterschiedlich auf identische Wachstumsfaktoren reagieren. Räumliche und zeitliche Gradienten von Wachstumsfaktoren und Signalüberträgern stellen die Informationsträger für die unterschiedlichen Entwicklungskapazitäten von neuronalen Stammzellen dar.

Die folgend kurz beschriebenen Experimente belegen die positions- und zeit- bzw. altersabhängigen Differzierungseigenschaften. In Experimenten, bei denen embryonale Stammzellen der Maus oder neuronale Abkömmlinge davon in Blastozysten oder ins Hirn von späten Embryonen transplantiert werden, können die Zellen in verschiedenen Hirnregionen mehrere differenzierte Zelltypen bilden.

Werden neuronale Stammzellen aus halbwüchsigen Embryonen gewonnen und in Hirngewebe von späten Embryonen oder neugebore-

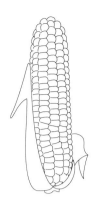

nen Mäusen übertragen, so sind deren Möglichkeiten, verschiedene Hirnzelltypen zu bilden und sich im Hirn zu verbreiten, beträchtlich. Die neuronalen Stammzellen weisen also in der Behandlung zur Regeneration von Nervengewebe ein hohes Potential auf.

Adulte neuronale Stammzellen, aus Hirnregionen neugeborener oder adulter Mäuse gewonnen, und in das Gehirn von Mäuse- oder Hühnerembryonen transplantiert, zeigen ein unterschiedliches Migrationsverhalten und je nach Transplantationsort eine eingeschränkte Differenzierbarkeit in unterschiedliche Hirnzelltypen.

Die adulten neuronalen Stammzellen weisen nach den bisherigen Ergebnissen eigentlich eine geringere sogenannte Plastizität als die embryonalen neuronalen Stammzellen auf. Dies bedeutet, dass sie bei einer Transplantation in andere, geschädigte Nervengewebe nicht ohne weiteres dieses gewebegerecht ersetzen können. Sie sind im Vergleich zu den embryonalen Stammzellen weniger in der Lage, eine Anpassung an gewebespezifische Funktionen zu durchlaufen. Bei der Forschung an adulten Stammzellen geht es darum, diesen Mangel zu beheben. Einige Versuche an Mäusen, Ratten und Hühnern zeigen, dass durch eine bestimmte Beeinflussung, z.B. durch gewisse Wachstumsfaktoren, die Plastizität der adulten Stammzellen deutlich verbessert werden kann. Sollte dieser Weg mit Erfolg auch bei menschlichen Stammzellen weiter beschritten werden können, so wäre dies ein enormer Fortschritt für therapeutische Möglichkeiten.

IV.4.2.2 Hämatopoietische Stammzellen in der Therapie

Seit der Erkenntnis, dass Stammzellen aus dem Knochenmark und hämatopoietische Stammzellen aus dem Nabelschnurblut in der Lage sind, auch zu Geweben zu differenzieren, die nicht mit dem blutbildenden System zusammenhängen, haben sich Forschungsanstrengungen zur therapeutischen Nutzung von Stammzellen vervielfacht. Zwar ist es unabdingbar, dass noch mehr Versuche unternommen werden müssen, um das gesamte Potential dieser Stammzellen auszuloten und die technischen und molekularen Probleme bei einem therapeutischen Einsatz zu überwinden. Aber bereits seit ca. 30 Jahren sind Stammzelltransplantationen aus dem Knochenmark Realität, lange bevor die intensive Debatte um Therapien mit Stammzellen, insbesondere mit embryonalen, eingesetzt hat. Waren es anfangs die Transplantationen der Stammzellen aus dem Knochenmark, so werden heute hauptsächlich Stammzellen aus dem peripheren Blut und denen aus dem Nabelschnurblut

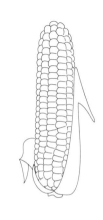

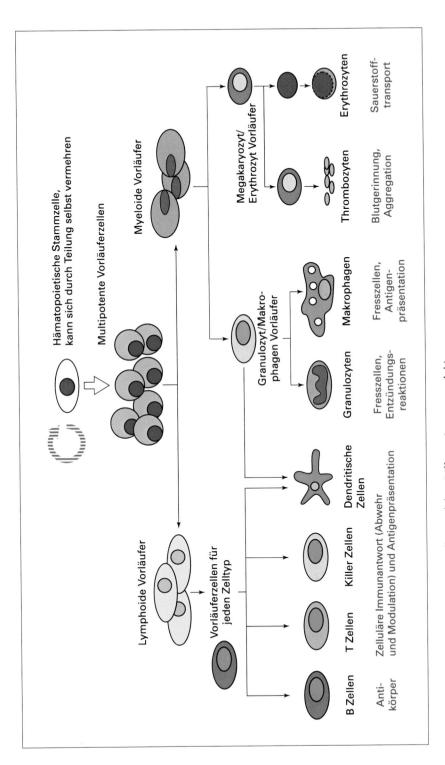

Abb. 40   Hämatopoietische Stammzellen und ihre Differenzierungsprodukte

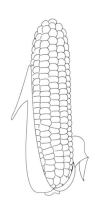

verwendet. Durch eine bestimmte Behandlung des Spenders mit gewissen hämatopoietischen Wachstumsfaktoren werden die Knochenmarkszellen zu einer Mobilisierung in das periphere Blut angeregt und können von dort durch eine Zellseparation gewonnen werden. Als Separationsmarker gilt das CD43+ Protein, das als Oberflächenantigen auf Blutstammzellen vorhanden ist (CD = Cluster of Differentiation Antigen). Die Therapie mit hämatopoietischen Stammzellen (Abk.: HSZT) ist heute bereits aus dem Behandlungsalltag nicht mehr wegzudenken.

Bei welchen Erkrankungen wird die HSZT verwendet? Im Vordergrund stehen verschiedene Krebserkrankungen wie Leukämien, aber auch solide (feste) Tumoren, ferner angeborene (kongenitale) Erbkrankheiten, und schwere Autoimmunkrankheiten. Auch wenn die HSZT seit langem praktiziert wird, ohne Risiko und Belastung für den Patienten ist sie nicht.

In der Abbildung (Abb. 40) wird deutlich, in wie viele verschiedene Zellen des Blut- und Immunsystems die Blutstammzellen ausdifferenzieren. Bei Krebserkrankungen liegt meist die Fehlregulation, die zur Krebsentstehung führt, in einem der frühen Schritte der Differenzierung, kongenitale Erkrankungen sind bereits in der Stammzelle auf deren DNA festgelegt. Vor einer Transplantation bei der Behandlung von Krebserkrankungen wird die ursprüngliche Blutzellpopulation inklusive der Krebszellen ausgeschaltet, dies kann durch Chemotherapie oder Ganzkörperbestrahlung in der Krebstherapie erfolgen oder durch eine Kombination dieser beiden Schritte. Die lebensrettenden, gesunden Stammzellen werden dem Patienten intravenös verabreicht. Eine intensive und genaue Überwachung ist notwendig, um ein Gelingen, nämlich die Übernahme der neuen Stammzellpopulation im Körper, zu sichern.

IV.4.2.3 Stammzellen aus Nabelschnurblut

Die Transplantationen von Stammzellen aus Nabelschnurblut sind eine wichtige Weiterentwicklung dieser therapeutischen Methode. Zum einen handelt es sich hier um adulte, hämatopoietische Stammzellen, zum anderen aber ist die Gewinnung dieser wertvollen Zellen sozusagen als «Abfallprodukt» einer Geburt eine gut nutzbare, risikolose Stammzellquelle. Damit der Bedarf einigermassen gedeckt werden kann, ist inzwischen ein nicht-kommerzielles Netzwerk von Nabelschnurblutbanken ins Leben gerufen worden. Seit 1998 die erste Transplantation von Stammzellen aus Nabelschnurblut erfolgte, sind inzwischen weltweit tausende solcher Transplantationen vorgenommen worden. Die Erfolgsrate spricht für sich: 85% der Transplantationen waren erfolgreich, die übertragenen Zellen übernahmen die von ihnen erhoffte heilende Körperfunktion, gleich körpereigenen Stammzellen.

Um aber kongenitale Erkrankungen zu therapieren, muss neben der Transplantation der Zellen auch vorher deren gentechnische Veränderung vorgenommen werden. Eine wesentliche Voraussetzung ist, das gewünschte Therpiegen stabil in die Zellen einzuschleusen, diese zu vermehren und zusätzlich das gewünschte hämatopoietische Endprodukt zu differenzieren. Die Stammzellen aus Nabelschnurblut haben den grossen Vorteil, dass sie nach einer Transplantation vom Empfänger besser vom Immunsystem toleriert werden als Stammzellen aus dem Knochenmark.Der Nachteil ist die jeweils geringe Menge der Stammzellsammlung, die nach einer Geburt anfällt, daher müssen diese Zellen, um den Bedarf einer Therapie beim Erwachsenen zu genügen, in Kultur vermehrt werden. Forschern aus Basel und Lausanne ist es gelungen, Stammzellen aus Nabelschnurblut mit Hilfe von retroviralen Vektoren (Lentivirus, ein RNA-Virus) ein Testgen, und zwar das so genannte GFP-Gen (Green Fluorescent Protein aus der Leuchtqualle, das unter bestimmten Lichtverhältnissen leuchtet), in Stammzellen aus Nabelschnurblut einzuführen. Unter Zugabe von bestimmten Wachstumsfaktoren konnten diese genetisch veränderten Zellen in Kultur um das 1000 fache vermehrt werden. Das übertragene GFP-Gen wiederum konnte in 40% der benutzten Stammzellen nachgewiesen werden. Diese Arbeiten geben Anlass zu der Hoffnung, dass die oben genannten Stammzellen gentechnisch stabil verändert werden können, um den Therapieerfolg zu gewährleisten.

Auch Versuche, stabil veränderte Stammzellen bereits in utero, also in den wachsenden Fötus einzubringen, sind bereits unternommen worden. An Tierversuchen bei Schafen zeigte sich, dass die Entwicklung der technischen Seite dieser Therapie soweit gediehen ist, dass Korrekturen schwerer kogenitaler Störungen, nach weiteren Abklärungen und Versuchen, vielleicht auch beim Menschen einsetzbar sein könnte. Die Universitäts-Frauenklinik Basel und die Hämtaologieabteilung des Kantonsspitals arbeiten daran. Das grosse Gebiet der Stammzellen, ihres Potentials und neue Erkenntnisse über den faszinierenden, von uns noch nicht ganz verstandenen Mechanismus der Differenzierung werden auch in Zukunft das Interesse der Öffentlichkeit, der Wissenschaftler und der Ethiker beschäftigen. Wichtig erscheint, dass bei allem Für und Wider die Möglichkeit der heilenden Therapie, vereinbar mit ethischen Grundsätzen, im Vordergrund stehen.

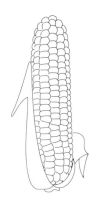

V   Gentechnik bei Kulturpflanzen

V.1   Transgene Pflanzen

Die Kulturpflanzen wie Reis, Roggen, Weizen, Hafer, u.a., die unsere Ernährung sichern, sind das Ergebnis jahrtausendealter Züchtungen. Das Ziel der Pflanzenzüchtung war stets das Gleiche: die Zucht besonders ertragsreicher Pflanzen. Wir müssen uns vergegenwärtigen, dass die Bemühungen um besonders ertragreiche Kulturpflanzen uns heute Getreide, Gemüse und Obst bescheren, bei denen die Bezeichnung «natürlich» im engeren Sinne nicht mehr gerechtfertigt scheint. Der Weizen, aus dem unser täglich Brot gebacken wird, hat eine fast 7000-jährige Zucht aus Gräsern hinter sich. Kaum wird jemals eine der heute angebauten Weizensorten von sich aus in der Natur entstehen und wachsen, niemals wird ein gepfropfter Apfel, wie viele der heute üblichen Apfelsorten, natürlicherweise entstehen.

Die Zucht verfolgt aber auch noch ein anderes Ziel: das der vielfältigen Widerstandsfähigkeit. Widerstandsfähig gegen was? Widerstandsfähig gegen all das, was eine gute Ernte zunichte machen kann: gegen Frühfrost, trockenen Boden, kurze Sonnenperioden, gegen krankmachende Viren und gefrässige Insekten, um nur einige Beispiele zu nennen.

So vielfältig die Zuchtziele auch sind, eines ist ihnen bei der herkömmlichen Züchtung gemeinsam: Um die ersehnte Pflanze erfolgreich zu züchten, vergeht in der Regel sehr viel Zeit.

Der Gentransfer, also die gentechnische Veränderung des Erbgutes einer Pflanze bietet nun gegenüber den herkömmlichen Bemühungen um die Züchtung ertragreicher und resistenter Pflanzensorten entscheidende Vorteile. Zum einen werden die Kreuzungsschranken übersprungen. Was bedeutet das? In der klassischen Züchtung können nur eng verwandte Pflanzen miteinander gekreuzt werden und ihren sogenannten Gen-Pool (Gesamtreservoir des Erbgutes) austauschen. Diese Begrenzung wird mit der Anwendung gentechnischer Methoden hinfällig. Ein Beispiel ist die Einführung des bakteriellen Bt-Gens, das Pflanzen mit einer Resistenz gegen den Larvenfrass durch gewisse Insektenlarven ausstattet. Ein weiterer grosser Vorteil der gentechnischen Pflanzenzüchtung ist die gezielte und präzise Übertragung eines ganz bestimmten Gens anstelle der Vermischung aller Gene von zwei Pflanzen, wie es in der herkömmlichen Züchtung der Fall ist. Hier werden ja nicht nur wünschenswerte Eigenschaften, sondern auch weniger gute Eigenschaften neu kombiniert und ver-

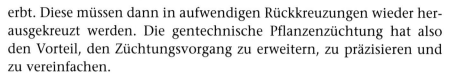

erbt. Diese müssen dann in aufwendigen Rückkreuzungen wieder her-ausgekreuzt werden. Die gentechnische Pflanzenzüchtung hat also den Vorteil, den Züchtungsvorgang zu erweitern, zu präzisieren und zu vereinfachen.

Zu den Zuchtzielen gehören also die Resistenzen gegen Pflanzen-krankheiten, gegen ungünstige Standorte, gegen den Einsatz von Un-krautvernichtungsmitteln (Herbiziden) sowie die Qualitätsverbesse-rung der Nutzpflanzen. In letzter Zeit ist, ähnlich wie bei den transge-nen Tieren, auch der Versuch unternommen worden, menschliche Proteine, die als pharmazeutisch wirksame Substanzen dienen könn-ten, in gentechnisch veränderten Pflanzen zu produzieren. Ein Bei-spiel sei das menschliche α 1 Antitrypsin in Reispflanzen. Auch ist man bestrebt, gewisse Kunststoffe in Pflanzen nach gentechnischer Veränderung herstellen zu lassen. Diese Produktionsarten sind noch im Erprobungsstadium.

Wird einer Pflanze mit gentechnischen Methoden ein oder mehrere Gene übertragen, so sprechen wir von einer transgenen Pflanze.

Es gibt verschiedene Methoden, um die gewünschten Gene in die Zielpflanzen einzubringen.

Die eleganteste und effizienteste Methode ist natürlichen Ursprungs – mit der Natur als Lehrmeister. Wir sehen also, dass der Gentransfer mitnichten eine Erfindung der Wissenschaftler im Labor ist. Das Bak-terium Agrobacterium tumefaciens selbst vollführt den Gentransfer, der bei den Molekularbiologen sehr geschätzt, bei den Landwirten und Hobbygärtnern aber äusserst unbeliebt ist, da hierdurch die Wurzelhals-gallenerkrankung bei diversen Gemüsepflanzen und Kohlarten hervor-gerufen wird. So besitzt dieses Bakterium natürlicherweise zusätzlich zu seiner DNA ein Plasmid, das sogenannte Ti-Plasmid. In der Natur ist die Infektion mit diesem Plasmid verantwortlich für eine Wurzel-halsgallenerkrankung der befallenen Pflanze. Wird in das natürliche Plasmid von A. tumefaciens durch Gentechnik ein bestimmtes Gen (z.B. das Bt-Gen) kloniert, kann der gewünschte Gentransfer durch den Mechanismus von A. tumefaciens vonstattengehen. Dies geschah erst-mals im Jahr 1983, als einer Tabakpflanze durch den Gentransfer mit-tels A. tumefaciens das Bt-Gen übertragen wurde. 1983 gab es also die erste transgene Pflanze, die durch eine Übertragung des Bt-Gens gegen Larvenfrass geschützt war.

Eine andere Methode, die benutzt wird, um gezielt Gene in Kultur-pflanzen zu übertragen, ist die sogenannte biolistische Methode (engl.: particle bombardement). Hier werden winzige Gold- oder Wolfram-

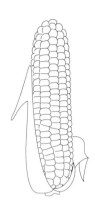

kügelchen mit einem Gen beladen und auf die vorbereiteten Zellen von Pflanzen «geschossen». Aus den Zellen werden danach, in oft mühevoller Arbeit, ganze, fruchtbare Pflanzen herangezogen.

Es gibt inzwischen viele Beispiele von transgenen Pflanzen. Besonders bekannt geworden ist die transgene Tomate, die 1994 in den USA Markteinführung hatte und damit für den menschlichen Verzehr zugelassen worden war: die Flavr Savr™ Tomate. Diese Tomate wurde gentechnisch so verändert, dass die Haltbarkeit nach der Ernte verlängert war.

Hält man sich die Welternährungssituation vor Augen, dann sind die Arbeiten von I. Potrykus und P. Burkhardt und ihren Mitarbeitern an der Eidgenössischen Technischen Hochschule (ETH) in Zürich von besonderem Interesse. Dieses Forscherteam hat die *Indica*-Reissorte, die für mehr als die Hälfte aller Menschen die Ernährungsgrundlage bildet, gentechnisch mit einer Insektenresistenz versehen. Ein weiteres Projekt, nicht weniger bedeutsam, hat die erhöhte Provitamin-A-Synthese via Gentechnik zum Ziel.

Das Reisprojekt sowie die gentechnische Variation der Flavr Savr™ Tomate sollen hier als ausführliche Beispiele dienen, kurz behandelt werden der transgene Mais und die transgene Sojabohne. Wenden wir uns dem Reis zu.

V.1.1 Transgener Reis

Reis, wie auch der Weizen zu den Gräsern gehörend, ist die Nutzpflanze, die den meisten Menschen unserer Erde als Ernährungsgrundlage dient. Allerdings wird ein grosser Teil der jährlichen weltweiten Reisernte durch Schädlingsbefall vernichtet. Der schlimmste Schädling für den Reis ist die Larve des Yellow Stem Borer, eines gelben Schmetterlings. 10 Millionen Tonnen der Reisernte werden durch diesen Schädling unbrauchbar. Dies entspricht der Ernährungsgrundlage von etwa 51 Millionen Menschen.

Seit über 40 Jahren versuchen daher Züchter, insektenenresistenten Reis auf konventionelle Art zu züchten. Bisher vergebens. Reis ist besonders heikel für derartige Züchtungsunterfangen, weil im Genpool von insgesamt ca. 30 000 getesteten Reissorten (!) bisher keine natürliche Resistenz gefunden werden konnte, die dann durch konventionelle Züchtung von einer Sorte auf andere hätte übertragen werden können.

Hier bietet die Gentechnologie Chancen, dem Umstand, dass jährlich Millionen von Tonnen der Reisernte verschiedenen Schädlingen zum Opfer fallen, abzuhelfen. Und dies hauptsächlich in den Ländern der dritten Welt.

An der Zürcher ETH ist die Züchtung zweier besonders interessanter transgener Reissorten gelungen, und zwar als Non-Profit-Projekt. Die Pflanzenwissenschaftler um I. Potrykus arbeiteten eng mit dem Internationalen Reisforschungsinstitut der Philippinen (IRRI) zusammen. Dieses Institut unterstützt vor allem die Kleinbauern mit kostenlosem Reis-Saatgut.

Was ist das Besondere an den beiden transgenen Reissorten? Werfen wir zuerst einen Blick auf den transgenen Reis, der gegen den Frass durch Insektenlarven resistent ist.

Das übertragene Gen, das dem Reis die zusätzliche neue Eigenschaft verleiht, stammt ursprünglich aus dem Bodenbakterium Bacillus thuringiensis.

Bacillus thuringiensis, oder abgekürzt Bt, hat eine besondere Eigenschaft, die bereits 1911 durch die Wissenschaft entdeckt wurde: Fressen Insektenlarven dieses Bakterium mit ihrer Nahrung, so sterben sie kurze Zeit später ab. Was geschieht da?

Bt beherbergt in seiner Zelle Proteine, die in Form von Kristallkörpern zusammengelagert sind. Diese Kristalle haben je nach Stamm unterschiedliche, z.B. bipyramidale oder flachquadratische Formen. Aber nicht nur die Form der Stämme kann variieren, auch das Wirkungsspektrum ist verschieden. So sind die mit der bipyramidalen Form eher Lepidopteren-spezifisch (z.B. Larven des Maiszünslers oder Kohlweisslings), die mit der flachquadratischen eher Coleoptera-spezifisch (z.B. Larve des Kartoffelkäfers). In der Wissenschaft nennt man das Bt-Gen, das für das Kristallprotein codiert und die Frassresistenz verleiht, cry. Wir bleiben hier aber generell bei der Bezeichnung Bt-Gen.

Frisst eine Larve das Bakterium, so wird im Darm der Larve der Kristallkörper aufgelöst, das nun in Lösung liegende Protein heisst Protoxin. Nun ist der Verdauungssaft der Larve ungeheuer basisch, zusätzlich verfügt die Larve über bestimmte Protease, die das Protoxin spezifisch zu dem Delta-Endo-Toxin spalten. Nun erst entfaltet sich die tödliche Wirkung: Das Delta-Endotoxin bindet an einen Rezeptor in der Darmwand der Larve und es entsteht eine Darmwandschädigung, die zu einem Loch in der Darmwand führt. Dies führt bei der Larve zur Fresslähmung und dem Verenden.

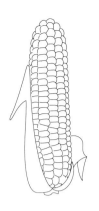

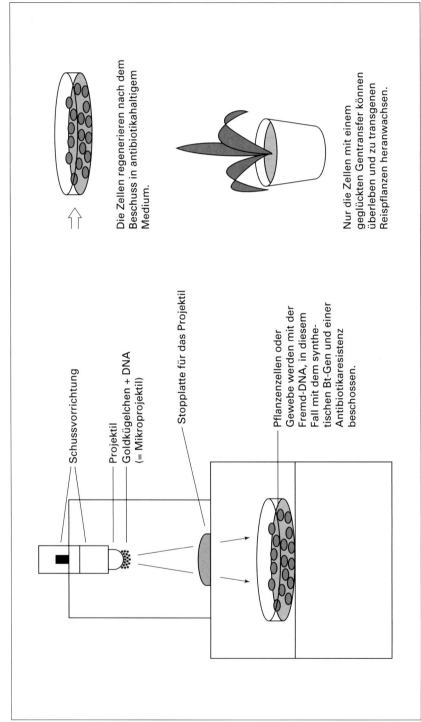

Abb. 41a   Dieser Reis schützt sich selber vor Insektenfrass.

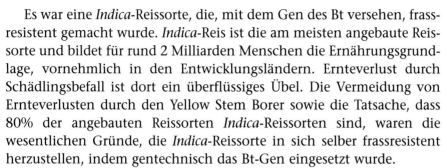

Es war eine *Indica*-Reissorte, die, mit dem Gen des Bt versehen, frassresistent gemacht wurde. *Indica*-Reis ist die am meisten angebaute Reissorte und bildet für rund 2 Milliarden Menschen die Ernährungsgrundlage, vornehmlich in den Entwicklungsländern. Ernteverlust durch Schädlingsbefall ist dort ein überflüssiges Übel. Die Vermeidung von Ernteverlusten durch den Yellow Stem Borer sowie die Tatsache, dass 80% der angebauten Reissorten *Indica*-Reissorten sind, waren die wesentlichen Gründe, die *Indica*-Reissorte in sich selber frassresistent herzustellen, indem gentechnisch das Bt-Gen eingesetzt wurde.

Wie ist man vorgegangen? Die Zürcher Wissenschaftler benutzten für den Gentransfer ein synthetisches, im Vergleich zum natürlichen verkürztes Bt-Gen, das mit dem Promotor eines Pflanzenvirus (Cauliflower-Mosaik-Virus (CMV) = Blumenkohlvirus) versehen war. Wie wurde die DNA in die Reispflanzen eingebracht? Für die Genübertragung wurden die Scutellumzellen unreifer Reiskeimlinge (Reisembryonen) benutzt. Scutellumzellen sind spezielle, schildförmige Zellen in einem Reiskeimling. Diese Zellen werden dem «Beschuss» mit dem synthetischen Bt-Gen ausgesetzt (s. Abb. 41a). Dies geschieht mit winzigen Goldkügelchen, die, mit der DNA beladen, mit hoher Geschwindigkeit auf die Zellen geschossen werden. Bei etlichen Zellen kann die DNA so bis in den Zellkern gelangen und ins Genom eingebaut werden.

Aber nicht nur das Bt-Gen wird übertragen, sondern auch ein Markergen, das ein Antibiotikumresistenzgen trägt und damit die Selektion gewährleistet. In diesem Fall ist es eine Resistenz gegen das Antibiotikum Hygromycin. Über die Antibiotikaresistenz findet die Selektion derjenigen Zellen statt, bei denen der Gentransfer erfolgreich verlaufen ist. Diejenigen Scutellumzellen, die gegen Hygromycin resistent sind und damit auch das Bt-Gen in sich tragen, werden zu jungen Reispflanzen gezüchtet. Von 36 nach dem Experiment herangewachsenen Pflanzen zeigten sich 11 stabil transgen.

Die transgenen Reispflanzen zeigten sich bis zu 100% resistent gegen die getesteten Schädlinge, nämlich den Yellow Stem Borer (lat.: Scirpophaga incertulas) und den Striped Stem Borer (Chilo suppressalis) (s. Abb. 41b).

Die zweite Transformation von Reis, die hier beschrieben wird, betrifft nicht eine Resistenz, sondern eine Qualitätsverbesserung. Es ist, besonders in den Ländern der dritten Welt, wichtig, dass die wenige Nahrung wenigstens einen optimalen Nährwert beinhaltet. Provitamin-A-Mangel führt zu schweren klinischen Symptomen. Allein in Südost-Asien schätzt man die Anzahl der Kinder, die bedingt durch

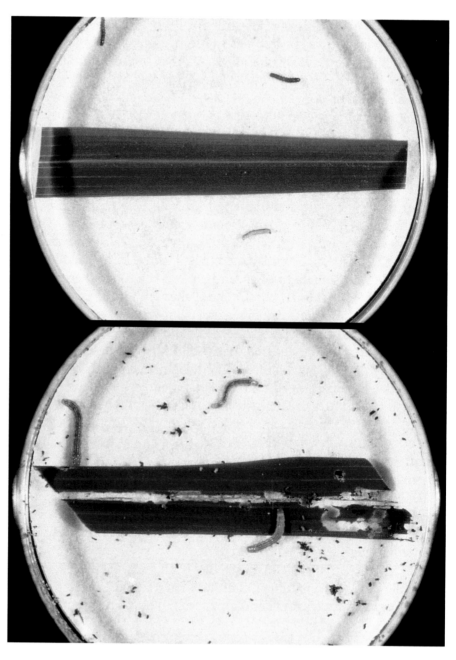

Abb. 41b Frassresistenz gegenüber Insektenlarven durch Gentransfer
Die Blätter der transgenen Reispflanze (oben), die das Bt-Gen enthält, sind deutlich vor Insektenfrass geschützt, während der konventionelle Reis offenbar ein schmackhaftes Futter für die Larven darstellt.

einen Vitamin A-Mangel an der Augenkrankheit Xerophtalmie leiden, auf ca. 5 Millionen. Die WHO glaubt, dass aufgrund ihrer Untersuchungen 1–2 Millionen Tote unter den Kindern der dritten Welt vermieden werden könnten, wenn die Vitamin-Zufuhr ausreichend wäre.

Das Hauptnahrungsmittel Reis aber enthält weder Beta-Carotin (Provitamin A) noch andere Carotinoid-Vorläufer. Das Bedürfnis nach einem Reis, der Provitamin-A bilden kann, ist dementsprechend gross.

Diesmal verwendeteten die Forscher *Japonica*-Reis. Ihm wurde ein pflanzliches Gen aus der Narzisse (Narcissus pseudonarcissus) per Gentechnik eingesetzt.

Dieses Gen codiert für das Enzym Phytoen Synthase. Dieses Enzym kann Phytoen, ein Zwischenprodukt in der Provitamin-A-Biosynthese, herstellen.

Für das Transformationsexperiment benutzte man cDNA des Phytoen-Synthase-Gens, wiederum kontrolliert durch einen Promotor des CMV und einem gewebespezifischen Reispromotor, der für eine hohe und spezifische Bildung des Genprodukts im Korn sorgt. Die DNA-Übertragung fand, wie beim *Indica*-Reis, durch das Bombardement mit Mikroprojektilen statt, und die Selektion erfolgte aufgrund einer übertragenen Hygromycinresistenz. Von den 87 transgenen Reispflanzen mit einem gelungenen Gentransfer für eine Provitamin-A-Synthese waren 47 fertil. Das heisst, sie können ihre Eigenschaft an die Nachkommenschaft weitergeben und somit Saatgut für Reis mit dem Provitamin-A gewährleisten.

Weitere Reisprojekte mit gentechnisch erzielten neuen Eigenschaften sind Resistenz gegen das Tungro-Virus, Resistenz gegen Pilzbefall, erhöhter Eisengehalt, verbesserte Phosphataufnahme.

V.1.2   Flavr Savr™ Tomate

Andere theoretische Grundlagen der Gentechnik, nämlich die Transformation durch Agrobacterium tumefaciens und die Anwendung der Antisense-Methode, waren die Mittel der Wahl, um die Flavr Savr™-Tomate zu züchten.

Das Ziel war es, eine Tomate zu züchten, die möglichst lange am Strauch natürlich ausreifen kann, ohne dass sie bei der Ernte und dem darauffolgenden Transport «matschig» wird. Um dieses Ziel zu erreichen, muss man zuerst wissen, welcher Stoffwechselablauf für das Weichwerden der Tomate verantwortlich ist. Die Tomate hat, wie viele andere Früchte, in ihrem Gewebe das Pektin, das ihr eine gewisse

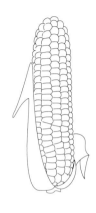

Festigkeit verleiht. Chemisch gesehen ist Pektin eine hochmolekulare Polygalakturonsäure. Das Enzym Polygalakturonase (PG) baut Pektin ab, was zu einem Weichwerden der betreffenden Frucht führt. Weniger PG in der Tomate bedeutet somit weniger Weichwerden. Wie aber kann man mit Gentechnik ein Genprodukt, in diesem Fall das Enzym PG, ausschalten? Im Fall der transgenen Tiere haben wir das Knock-out-System kennengelernt, um die Bildung eines Genproduktes zu verhindern. Das Ziel bei der Tomate war ähnlich, wurde aber mit einem anderen Mechanismus erreicht.

Anti-Sense ist das Stichwort hier. Was haben wir darunter zu verstehen? Wie im Kapitel Transkription beschrieben, wird bei der Transkription der codierende DNA-Strang (auch Sense-Strang genannt) in eine Einzelstrang-mRNA überschrieben. Diese wird dann im Vorgang der Translation in ein Genprodukt, in diesem Fall PG, übersetzt. Wird aber der nicht-codierende DNA-Strang (Anti-Sense-Strang) in mRNA transkribiert, so erhalten wir einen komplementären mRNA Strang zu dem Sense-Strang, einen Anti-sense-Strang. Diese beiden mRNA-Stränge sind komplementär. Das heisst, ihre Affinität zueinander im Zellinnern ist so gross, dass sie sich aneinanderlagern und dadurch eine Translation des ursprünglichen mRNA-Moleküls zu einem Protein unmöglich machen.

Bei der Flavr Savr™ Tomate wurde das Gen der PG in umgekehrter Richtung auf ein Plasmid kloniert und anschliessend durch das Agrobacterium tumefaciens in Tomatenzellen eingebracht, die dann zu Tomatenpflanzen aufgezogen wurden. Dadurch wurde bei der Transkription ein Anti-sense-mRNA Strang gebildet, der mit der originalen mRNA hybridisiert und dadurch die Bildung des Proteins PG stark herabsetzt oder gar verhindert. Die Selektion der transgenen Zellen wurde auch hier durch eine Antibiotikaresistenz gewährleistet. Diesen Selektionsmechanismus kennen wir nun bereits und gehen daher nicht mehr weiter auf ihn ein.

Die transgene Tomate, deren Polygalakturonase-Gen «stillgelegt» wurde, bleibt länger fest und kann, so war das Ziel der gentechnischen Veränderung, länger reifen und so ein volleres Aroma erreichen, eben «Flavr Savr».

Diese und andere ähnlich gentechnisch veränderten Tomaten werden zu Püree oder Ketchup verarbeitet sowie frisch verkauft.

Wir haben einige markante Beispiele sehr genau und intensiv in ihrem Bezug zwischen Theorie und Praxis beschrieben. Die folgenden Praxisbeispiele werden wir kurz fassen, aber doch erwähnen, da sie zeigen, wie weit Gentechnik im Ernährungbereich schon integriert ist.

V.1.3 Transgener Mais

Mais hat seinen Ursprung in Mexiko, wo er von den Maya bereits genutzt und gezüchtet wurde. Der heutige Mais ist eine Züchtung, die, über mehrere Wildgräser und Urmaisplanzen gekreuzt, zu der heutigen Grossform geführt hat. Wenn bei uns der Mais auch nicht offensichtlich zu den Hauptnahrungslieferanten von Kohlehydraten zählt wie zum Beispiel die Kartoffel oder der Weizen, so gehört er doch weltweit zu den drei wichtigsten Getreidesorten neben dem Reis und dem Weizen, die die Welternährung sichern. Insgesamt wird er auf 134.2 Millionen Hektaren Land angebaut, was einer Jahresernte von ca. 560 Millionen Tonnen entspricht. Verwendet wird der Mais zu 78% als Futtermittel, in der Hauptsache für Schweine, Rinder und Hühner. Aber in weiterverarbeiteter Form finden wir den Mais noch in einer Vielzahl von Lebensmitteln: in Öl, Margarine, Mayonnaise, Saucen, Suppen, Backwaren, Kaugummi, Konfekt, Glasuren, Fruchtgetränken, Maismehl, Polenta usw., um nur eine Auswahl zu nennen.

Wie wichtig es ist, die Ernteerträge des Mais zu schützen, mögen einige Daten verdeutlichen: Die Zünslerlarve vernichtet weltweit ungefähr 7% der gesamten Maisernte, das entspricht 40 Millionen Tonnen Mais im Jahr. Damit könnte man die riesige Cheopspyramide in Ägypten 17 mal auffüllen. In manchen Regionen Europas und den USA werden durch diesen kleinen, unscheinbaren Schädling, der sich, kaum den Eiern entschlüpft, in den Maisstengel bohrt und bis zur Verpuppung durchfrisst, sogar 20% der Ernte unbrauchbar. Der Einsatz von chemischen Pflanzenschutzmitteln war daher unumgänglich, aber sitzt die Larve einmal festeingefressen im Stengel der Maispflanze, ist, wie auch bei der Reispflanze, jedes Spritzmittel unwirksam.

Um den Mais in ähnlicher Weise wie den transgenen Reis vor der Vernichtung durch Larvenfrass zu schützen, wurde auch hier das Bt-Gen übertragen, um eine Resistenz gegen Larvenfrass durch den Maiszünsler zu erreichen (s. Abb. 42a).

Die Vorgehensweise, gentechnisch veränderten Mais mit dem Bt-Gen zu züchten, ist der beim Reis sehr ähnlich, und wir gehen deshalb nicht mehr darauf ein.

Der transgene Mais der Firma Novartis, Basel, ist in den USA, der EU und seit kurzem auch in der Schweiz zugelassen. In den USA und Kanada wurde er im Jahr 1996 auf einer Fläche von 180 000 Hektaren angebaut. Neben dem Bt-Mais sind auch transgene Maissorten mit Herbizidresistenzen gezüchtet worden (s. Abb. 42b).

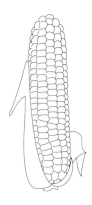

Abb. 42a Mais, das Gold der Maya
Mais, einmal in der herkömmlichen Form, die vom Maiszünsler zerfressen wird (links). Der transgene Mais ist widerstandsfähig gegen den Frass durch die Zünslerlarve (rechts).

V.1.4 Transgene Sojabohne

Eine weitere transgene Nutzpflanze, die Roundup Ready™ Soja, besitzt eine Resistenz anderer Art: Sie ist gegen ein Herbizid, also gegen ein Unkrautvernichtungsmittel (und zwar gegen das Herbizid «Roundup») resistent.

Was die Produktion von Pflanzenölen betrifft, ist Soja der wichtigste Lieferant weltweit. Diese uralte Pflanze mit einer langen Züchtungstradition (bereits 3000 v. Chr. in China kultiviert) wächst vornehmlich in den wärmeren Klimazonen. Ähnlich wie der Mais ist auch Soja ein Multilieferant für Zusatzstoffe: Wir finden Sojaprodukte entweder als pflanzliche Fette (Öl, Magarine, Mayonnaisen, Dressings, Saucen, Überzüge von Tiefkühlkost etc.), als Proteinlieferant für Tofu, in Diätgetränken, als Fleischersatz für Vegetarier, Ersatzmilchprodukte für Kuhmilch-Allergiker etc., als Bestandteil von Crackern und Gebäck, um nur einige anzuführen. Experten geben in Schätzungen an, dass bis zu 30 000 Lebensmittelprodukte Soja-Erzeugnisse enthalten.

Abb. 42b   Saatgut von transgenem Mais von Novartis

Was bedeutet die gentechnisch herbeigeführte Resistenz gegen Roundup? Die chemische Wirksubstanz von Roundup ist das Glyphosat. Es wirkt hemmend auf das Enzym EPSP-Synthase (Enolpyruvatshikimat-3-Phosphat-Synthase). EPSP-Synthase wird im Aminosäurenstoffwechsel gebraucht, um die sogenannten aromatischen Aminosäuren zu synthetisieren. Dieses Enzym findet sich nur bei Pilzen, Bakterien und sämtlichen Pflanzen. Alle Tiere und der Mensch hingegen müssen die aromatischen Aminosäuren über die Nahrung zu sich nehmen, können sie aber nicht selber synthetisieren, da ihnen dies EPSP-Synthase fehlt.

Durch das Herbizid Glyphosat («Round-up») wird dieses Enzym normalerweise inhibiert, d.h. ausser Kraft gesetzt. Das bedeutet, wenn eine Pflanze mit Glyphosat gespritzt wird, stirbt die Pflanze ab, da der Aminosäuren-Stoffwechsel empfindlich gestört wird. Im Bakterienreich aber gibt es dieses Enzym, das eine natürliche Resistenz gegen Glyphosat und damit natürlich auch gegen «Roundup» aufweist. Diese

Resistenz bewirkt, dass das Enzym EPSP-Synthase auch unter der Einwirkung von Glyphosat seine Funktionsweise aufrechterhalten kann.

Trägt eine transgene Pflanze das Gen mit dem resistenten Enzym, so kann trotz Spritzung, der pflanzliche Aminosäuren-Stoffwechsel aufrechterhalten werden, während nicht-resistentes, besprühtes Unkraut abstirbt.

Die transgene Sojapflanze Roundup Ready™ des Saatgutherstellers Monsanto trägt als Resistenz-Gen das Gen aus dem Bodenbakterium Agrobacterium tumefaciens. Dieses Gen codiert für eine EPSP-Synthase, die tolerant gegenüber dem Herbizid Glyphosat ist. Die Resistenz gegen das Herbizid ist also natürlichen Ursprungs.

Es stellt sich doch die Frage, warum denn eine Pflanze gentechnisch gezüchtet wird, um resistent gegen ein bestimmtes Herbizid, in diesem Fall das Glyphosat zu sein? Kurz zusammengefasst: Das Herbizid Glyphosat wird seit 20 Jahren benutzt, mittlerweile in mehr als 100 Ländern. Die bisherigen Untersuchungen zeigen, dass Glyphosat für Mensch und Tier ungiftig ist. Ausserdem ist dieses Herbizid biologisch abbaubar. Wenn nun in den Anbaugebieten der Soja ausgesät wird, muss bei konventionellem Anbau «prophylaktisch» Herbizid gespritzt werden, um den frischen Sojakeimlingen einen guten Start zu ermöglichen. Bei einer herbizidresistenten Soja kann mit dem Spritzen solange gewartet werden, bis das Unkraut tatsächlich mit den herangewachsenen Sojapflanzen in Konkurrenz geht.

1996 war das erste kommerzielle Anbaujahr der Roundup Ready™ Soja (s. Abb. 43). In diesem Jahr wurde die transgene Soja auf 2% der gesamten Anbaufläche für Sojabohnen in den USA angepflanzt. 1997 waren es 15%, was einer Landmenge von ca. 4 Millionen Hektar entspricht. 1996 konnte der Herbizideinsatz bei dem transgenen Sojasaatgut um durchschnittlich 24% gesenkt werden (USA). Das heisst im Klartext: weniger Herbizid, weniger Umweltbelastung.

Die Nutzung von Lebensmittelerzeugnissen aus der neuen Sojabohne wurde von den zuständigen Behörden der USA, den Niederlanden, Kanada, Argentinien, Mexiko, den Ländern der EU und der Schweiz geprüft und bewilligt. Diese Länder haben bestätigt, dass sich die transgene Roundup Ready™ Soja in Bezug auf Zusammensetzung, Nährwert und Sicherheit nicht von der herkömmlichen Sojabohne unterscheidet.

Wir verlassen den Bereich der transgenen Pflanzen und wenden uns dem Bereich der Enzyme zu, die, gentechnisch hergestellt, bereits in

141

Abb. 43   Saatgut der transgenen Sojabohne Roundup Ready™ von Monsanto

unserem täglichen Leben vom Waschen über Kleidung bis zur Ernährung präsent sind.

V.2   Elegante Züchtung

Gentechnisch veränderte Pflanzen finden, nach dem Report der Internationalen Landwirstschaftsagentur ISAAA von 2003, in den verschiedenen Teilen der Welt eine höchst unterschiedliche Akzeptanz. Während in den USA, Kanada, Südamerika und China der Anbau von transgenen Pflanzen ständig zunimmt, weltweit werden nun 67 Millionen Hektar mit transgenen Pflanzen angebaut, hat Europa eine eher abwehrende Haltung sowohl gegen den Anbau gentechnisch veränderter Pflanzen wie auch deren Verzehr als Lebensmittel. Besonders im Mittelpunkt vieler Diskussionen stehen der Anbau von transgener Soja (in den USA mittlerweile 86%), Mais (40%) und Raps. China setzt zurzeit vermehrt auf den Anbau gentechnisch veränderter Baumwolle, die gegen Frasslarven resistent ist. Im November 2003 trat aufgrund des

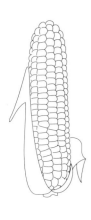

Entscheides des europäischen Parlamentes eine neue Verordnung in Kraft, nach der die Zulassung und Kennzeichnung von gentechnisch veränderten Lebensmitteln sowie Futtermitteln einheitlich geregelt werden soll. (Weitere Informationen siehe Ethik und Recht).

Da in demokratisch regierten Ländern jeder Konsument das Recht hat, seine Lebensmittel nach seinem Willen auszuwählen, sind nicht nur die strengen Regeln der Kennzeichnung wichtig. Es gilt ja auch, dem Konsumentenbedürfnis nach neuen Züchtungen nachzukommen. Inwiefern kann Gentechnik an einer neuen Züchtung beteiligt sein, ohne dass das Endprodukt ein gentechnisch veränderter Organismus (GVO) ist?

Gentechnik und die molekularen Erkenntnisse der verschiedenen Genome von diversen Pflanzen haben ein Wissen vermittelt, das der konventionellen Züchtung einen grossen Zeitgewinn beschert. Als Beispiel soll hier die Züchtung von Äpfeln beschrieben werden. In der heutigen Zeit ist die Apfelernte der «Hochstammgeneration» wirtschaftlich kaum noch effizient. Es ist bekannt, dass die derzeit gewünschten Apfelsorten hauptsächlich auf sogenannte Niederstammbäume gepfropft werden. Nun ist aber die Anzahl von Apfelsorten, unter anderem alter Sorten, beim Konsumenten erwünscht, und es stellt sich das Problem der passenden «Unterlage» für eine Pfropfung, die Ertrag bringen soll. In der Regel dauert es ca. 12 Jahre, bis sich bei einer konventionellen Züchtung herausstellt, ob der Pfropfstamm die gewünschte Kleinwüchsigkeit hat und ca. 30 Jahre dauert es, bis eine Apfelsorte auf diesem Stamm zur Marktreife gelangt.

Sobald die genetischen Einzelheiten einer Pflanze, in diesem Fall dem Apfel, vorliegen, können mögliche Gene, z.B. für Zwergwuchs oder auch die Gene für eine natürliche Resistenz gegen den gefürchteten Feuerbrand, identifiziert werden, und als diagnostische Testgene für eine Züchtung benutzt werden. Dem sind Wissenschaftler des landwirtschaftlichen Forschungsdienstes der USA auf der Spur. Durch Kartierung der Gene, welche für den Zwergwuchs verantwortlich sind, soll nun der molekulare Mechanismus des Zwergwuchses verstanden werden. Dies wird die Identifikation von molekularen Markern ermöglichen, um Pflanzen mit Zwergwuchs früh in der Entwicklungsphase zu identifizieren. An der Cornell University im Staat New York, USA, versucht man zwei Fliegen mit einer Klappe zu schlagen: die Züchtung von zwergwüchsigen Apfelbäumen, die zudem noch eine natürliche Resistenz gegen das Bakterium Erwinia amylovora, den Erreger des Feuerbrandes, aufweisen. Aufgrund von gendiagnostischen Methoden kann zum einen die Zeit für eine neue, konventionelle Züchtung um ca. die Hälfte reduziert werden, zum anderen können durch die Resistenz gegen den Feuerbrand die horrenden Verluste, die dieser Schädling den Pflanzen zufügt, eliminiert werden. Die so neu gezüchteten Apfelsorten, von denen die Forscher hoffen, dass zwei Kandidaten im Jahr 2005 in den Handel kommen können, sind nicht gentechnisch verändert – aber das Wissen, vermittelt durch die Gentechnik, wird dieser «eleganten Züchtung» (im englischen auch «smart breeding» genannt), die sowohl den Anbauern, die keine GVOs anbauen wollen, wie auch Konsumenten, die keine GVOs konsumieren wollen, zum Durchbruch verhelfen.

V.2.1 Das Reisgenom

Bisher waren die gentechnischen Züchtungsverfahren extrem schwierig, da das Reisgenom in seiner Gesamtheit nicht dechiffriert war. 2001 hatte die Agrofirma Syngenta die Ankündigung gemacht, das Reisgenom im Groben sequenziert zu haben. Die Arbeit, die 2002 publiziert wurde, beschreibt die Sequenzierung und Identifizierung des gesamten Reisgenoms der Reissorte Oryza sativa L.ssp. japonica. Diese Pionierarbeit wurde im Syngenta-Labor im Torrey Mesa Research Institute, La Jolla, Kalifornien, USA, durchgeführt.

Getreidepflanzen haben sich aus einem gemeinsamen «Vorfahren» seit etwa 70–50 Millionen Jahren entwickelt. Ungeachtet dieser langen Evolutionszeit zeigen etliche Gene der Getreidegenome in hohem Masse eine konservative Entwicklung. Der Vergleich der verschiedenen Gräsergenome in Bezug auf physikalische und genetische Eigenschaften zeigt Konservierung in der Genreihenfolge und Orientierung, sowie funktionelle Übereinstimmungen. Erstaunlicherweise aber differieren die verschiedenen Genome beträchtlich in ihrer Gesamtgrösse.

Liegen die geschätzten Grössen bei Mais, Gerste und Weizen bei 3000 bzw. 5000 und 16'000 Megabasenpaaren (1 Megabasenpaar = 1 Million Basenpaare), so fällt das Reisgenom mit 420 Mb vergleichsweise bescheiden aus. Die Kompaktheit des Reisgenoms aber war für die Forscher besonders interessant, da es eine hohe Gendichte erahnen liess. Dies heisst aber auch: Wer den Reis und seine Gene, seine Regulationsmechanismen kennt, hat auch einen einfacheren Zugang zu den Genen und Regulationsmechanismen anderer Gräser, bzw. Getreidegenomen.

Der untersuchte Reis «Japonica» verteilt seine genetische Information von 420 Mb und den geschätzten 45'000 Genen auf zwölf Chromosomen. Mit der Sequenzierung, die nach der «Random Fragment Sequencing Approach»-Methode (Schrotschuss-Methode), bereits bei der Sequenzierung des menschlichen Genoms von C. Venter und seiner Firma Celera Genomics angewendet (s. Abb. 33), durchgeführt wurde, sind über 99% des Genoms sequenziert. Die Korrektheit der Sequenz wird mit 98.9% angegeben. So unterschiedlich die Getreidesorten scheinen mögen, genetisch ist viel Ähnlichkeit zu finden: etwa 98% der bisher bekannten Gene aus Mais, Weizen und Gerste lassen sich auch im Reis wiederfinden. Das untersuchte Reisgenom weist noch einige Besonderheiten auf: Es beherbergt viele sogenannte repetitive Sequenzen, deren Bedeutung noch nicht definiert ist. Im Laufe der Evolution haben sich zudem viele Gene vom Reis verdoppelt.

V.2.2 Reis und Arabidopsis thaliana

Die Sequenzierung der verschiedenen Pflanzengenome kann zum «Smart Breeding» wesentlich beitragen.

Nach Arabidopsis thaliana (Ackerschmalwand) war das Reisgenom erst das zweite pflanzliche Genom, das in vollständiger Entzifferung vorlag. Die Sequenzierung und Identifizierung der beiden Genome ergibt bereits jetzt neue Einblicke in die Entwicklung von Pflanzen über Jahrmillionen. Vor ca. 200 Millionen Jahren haben sich die beiden Hauptgruppen der Pflanzen, die Monokotyledonen (Einkeimblättrigen) und die Dikotyledonen (Zweikeimblättrigen) entwicklungsmässig getrennt. Arabidopsis ist eine dikotyle, Reis hingegen, wie alle Gräser, eine monokotyle Pflanze.

Interessanterweise fanden die Forscher, dass Reis und A. thaliana ca. 8000 Proteine gemeinsam haben. Diese Proteine sind aber nicht in Drosophila (Taufliege), Caenorhabditis elegans (Nematodenwurm) oder in S. cerevisiae (Hefe) und im Menschen zu finden. Nach diesem Ergebnis geht man davon aus, dass diese Proteine pflanzenspezifisch sind.

Die Sequenzierung und Identifizierung des Reisgenoms ist eine bedeutende wissenschaftliche Arbeit. Aber, wie immer, wenn neue Einblicke in die Natur stattfinden, beginnt nun ein neuer Prozess: Die komplette Auswertung der Daten, und diese wird nicht nur in eine Richtung vorangetrieben werden. Das Hauptziel bleibt die Züchtung neuer Reissorten, die Resistenzen gegen Pathogene enthalten, aber auch auf Böden gedeihen können, die bisher für einen Reisanbau nicht in Frage kamen, und solcher Reissorten, die bestimmte lebenswichtige Stoffe, wie Vitamine, selber produzieren können. Aber im weiteren Sinne liefern diese Daten auch die Grundlage für eine gründlichere Untersuchung im Reich der Pflanzen. Dies reicht von Evolution bis hin zur Aufklärung pflanzenphysiologischer Prozesse.

VI   Gentechnik im täglichen Leben

Eigentlich ist schon mit der Züchtung transgener Nutzpflanzen der Weg der Gentechnik in unser tägliches Leben gebahnt worden, denn Nutzpflanzen wie Mais, Reis oder Soja bilden einen Grundstock für unsere Ernährung und sind ausserdem noch an der Weiterverarbeitung von Lebensmitteln direkt beteiligt. Wo sonst noch, als in der gentechnisch begründeten Züchtung von Pflanzen für unsere Ernährung, spielt Gentechnik in unserem täglichen Leben eine Rolle?

VI.1   Enzyme

Mit der Gentechnik erleben Enzyme in der industriellen Anwendung einen Boom. Aber neu ist ihre industrielle Anwendung nicht. Bereits um 1900 wurde ein Verfahren zur industriellen Herstellung von Amylase, die natürlicherweise in dem Pilz Aspergillus oryzae vorkommt, entwickelt.

Enzyme sind, biochemisch gesehen, Proteine. Man könnte sie als «Arbeitsproteine» bezeichnen, da sie spezifische Aufgaben im Stoffwechsel eines jeden Lebewesens durchführen. Einige haben wir schon kennengelernt: Restriktionsenzyme, Polymerasen, Helikasen. Diese Enzyme haben ihre Aufgaben im Bereich der Nukleinsäuren zu erledigen. Andere hingegen, wie Proteasen (Proteinabbau), Lipasen (Fettabbau) oder Amylasen (Kohlehydratabbau) dienen zum Beispiel Vorgängen im Stoffwechsel. Dann wieder gibt es solche, die chemische Gruppen wie die Phosphate von einem Molekül abspalten oder hinzufügen. Sehr komprimiert kann man davon sprechen, dass Enzyme am Auf- und Abbau der Biomasse eines Organismus aktiv beteiligt sind. Sie sind für jeden Organismus als Biokatalysatoren lebensnotwendig.

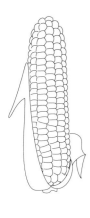

1913 wurde die Protease Trypsin als Waschmittelzusatz verwendet. Dieses Trypsin wurde damals aus Bauchspeicheldrüsen von Schlachttieren isoliert. 1950 wurde erstmals ein Waschmittel entwickelt, das bakterielle Proteasen als Zusatz hatte. Seit 1982 wird die Amylase gentechnisch hergestellt. Seither gibt es sehr viele gentechnisch hergestellte Enzyme, von denen eine Auswahl in Beispielen vorgestellt wird.

Was verstehen wir unter einem industriellen Enzym? Es ist ein in ausreichenden Mengen hergestelltes Enzym, das zur Herstellung eines anderen Produktes eingesetzt wird. Im technischen Bereich kann das bei der Papierherstellung, der Gewebeveredlung, der Lederverarbeitung und dem Waschmittelzusatz sein. In der Lebensmittelverarbeitung ist es z.B. die Käseherstellung, die Backwarenherstellung sowie die Stärkeverarbeitung zu Sirup und anderen Zuckerarten. Für diese Herstellungswege werden u.a. gentechnisch hergestellte Enzyme eingesetzt.

Wenn man schon früher – auch ohne Gentechnik – industrielle Enzyme eingesetzt hat, taucht die Frage nach dem Bedürfnis für den Einsatz gentechnisch hergestellter Enzyme auf.

Einige Gründe hierfür sind:

1. Viele Enzyme können nur gentechnisch als Massenprodukt hergestellt werden.
2. Die Reinheit des gentechnisch hergestellten Enzyms ist gewährleistet.
3. Das natürliche Enzym arbeitet für den industriellen Gebrauch schlecht unter den gegebenen Bedingungen. Eine gentechnologische Veränderung kann die Arbeitsleistung des Enzyms verbessern.

Wenn wir Enzyme gentechnisch herstellen, so gibt es, grob klassifiziert, drei Verfahren des Gentransfers: einmal den homologen oder arteigenen Gentransfer. Von diesem sprechen wir, wenn das Gen eines Mikroorganismus in ihn selber eingeschleust wird und zwar in mehrfachen Kopien, um die Produktionsrate zu erhöhen. Als Beispiel kann das Enzym Xylanase gelten, das für das verbesserte Aufgehen des Brotteigs eingesetzt wird. Gen-Lieferant und Wirt kann Bacillus subtilis sein.

Bringen wir das Gen, das für das Enzym codiert, in einen fremden Wirtsorganismus ein, sprechen wir von einem heterologen oder artfremden Gentransfer. Beispiel ist das Chymosin, dessen Gen aus dem Kalb isoliert, in diversen Mikroorganismen produziert wird.

Soll ein Enzym «verbessert» werden, also seine naturgegebenen Eigenschaften wie die Temperaturempfindlichkeit verändert werden, und geschieht dies durch gentechnisch gezielte Veränderungen im Gen, so sprechen wir von einer Genmodifikation oder dem «protein engineering».

VI.1.1 Gentech-Enzyme und Käse

Im Zuge der Veränderung unseres Ernährungsbewusstseins hat die Käseindustrie einen rasanten Aufschwung genommen: Bei einer Produktion von 14 Millionen Tonnen weltweit pro Jahr benötigt die Käseindustrie rund 56 000 kg reinen Labferments, für das, herkömmlich gewonnen, 70 Millionen Kälbermägen benötigt werden.

Was ist Labferment und welche Aufgabe erfüllt es in der Käseherstellung?

Das Labferment, kurz Lab genannt, ist eine Mischung von Substanzen, die die Milchgerinnung bewirken. Labferment wird aus dem vierten Magen des saugenden Kalbes, dem Lab-Magen gewonnen. Der Hauptbestandteil des Labferments, das aus mehreren Komponenten besteht, ist das Emzym Chymosin.

Labferment bewirkt das Dickwerden, also die Gerinnung der Milch durch eine Spaltung des Milchproteins Kasein. Dieses Protein verliert nach seiner Spaltung seine Löslichkeit in der Milch und koaguliert zu einem Gel. Beim saugenden Kalb führt dies zu einer gleichmässigen Verdauung der getrunkenen Milch.

Seit alten Zeiten ist der Vorgang der Milchgerinnung den Menschen bekannt und wurde auch von ihnen genutzt. In der Antike war es üblich, Milch in präparierten Vieh-Mägen aufzubewahren. Zufällig ist es dann wohl zur Milchgerinnung und zum Käse gekommen, der den damaligen Menschen eine willkommene Abwechslung im Speiseplan bot. Von den Griechen und Römern nimmt man an, dass sie das Phänomen der Milchgerinnung direkt in den Zusammenhang mit dem Kälberlab stellten und dies bereits zu nutzen verstanden. Im «finsteren Mittelalter» ging diese Erkenntnis in Mitteleuropa wohl wieder verloren. Milchsäuerung wurde in dieser Zeit durch Pflanzenextrakte herbeigeführt. In der Schweiz war es erst im 16. Jahrhundert der Fall, dass man die systematische Herstellung von Käse durch die Lab-Gerinnung aufnahm. Sbrinz soll der erste exportierte Käse dieser Herstellungsart gewesen sein, wenn man die historischen Quellen befragt. Bis vor einigen Jahrzehnten wurden in Streifen geschnittene und gedörrte Kälbermägen zur Käseherstellung benutzt.

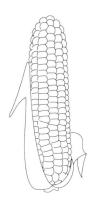

148

Abb. 44   Käse, eines unserer Grundnahrungsmittel
Der Cheddar-Käse, mit gentechnisch hergestelltem Lab produziert, wird in Grossbritanniens Supermärkten besonders für Vegetarier empfohlen, da für seine Herstellung kein Tier getötet werden muss.

Heute steht das Lab den Käsereien in Pulverform und weitgehend standardisiert zur Verfügung.

Ein Beispiel für gentechnisch hergestelltes Chymosin ist das in einem Hefestamm der Molkereihefe Kluyveromyces lactis klonierte Chymosin (Gist-Brocades), das 1988 auf den Markt kam. Das Chymosin-Gen, aus Schleimhautzellen des Lab-Magens isoliert, wurde mit dem Promotor und Terminator vom Laktase-Gen des Hefestamms versehen und auf einem Klonierungsvektor in der Molkereihefe als Wirtssystem produziert. Ausserdem trägt der Vektor noch ein Gen, das für die Ausscheidung des Chymosins in das Nährmedium sorgte. Im Fermentationsmedium fand sich unter den gewählten Bedingungen dann das von der Hefe produzierte Chymosin. Dieses gentechnisch hergestellte Chymosin zeigte sich chemisch und funktionell und in seinen immunologischen Eigenschaften mit dem des Kalbs naturidentisch. Dies ist auch nicht weiter verwunderlich, denn das in die Hefe eingeschleuste Gen stammte aus dem Kalb, und die genetische Information wurde im Mikroorganismus Hefe naturgetreu in Protein umgesetzt.

Besonders in den USA und Grossbritannien findet Cheddar-Käse, der mit gentechnischem Lab hergestellt ist, grossen Absatz. Er gilt dort als «vegetarischer» Käse, da für seine Herstellung kein Kalb geschlachtet werden muss. Der Verbrauch des mit Gentech-Enzymen hergestellten Käses betrug in den USA seither mehr als 6 Millionen Tonnen. Ausser in der Molkerei-Hefe wird Gentech-Lab noch in Bakterien (Pfizer, USA) und in Schimmelpilzkulturen (Genencor, USA) hergestellt (s. Abb. 44).

Gentechnisch hergestelltes Chymosin ist, mit Stand Ende 1996, in vielen Ländern zugelassen: Belgien, Dänemark, Deutschland, Finnland, Grossbritannien, Irland, Israel, Italien, Neuseeland, Norwegen, Polen, Portugal, Schweden, Schweiz, Südafrika, Ungarn, USA.

VI.1.2 Gentech-Enzyme und Brot

Wo Käse gegessen wird, soll ein gutes Brot nicht fehlen.

Auch in der Backwarenindustrie finden gentech-Enzyme mittlerweile rege Anwendung. Zur Verbesserung der Brotqualität, was die Luftigkeit des Teiges, die Struktur der Krume und die Knusprigkeit der Kruste angeht, werden als enzymatischer Zusatz drei Enzyme benutzt: Lipase, Amylase und Hemicellulase. Die Lipase wirkt auf das Gluten, das Klebereiweiss des Weizens. Dies führt dazu, dass der Teig eine besonders luftige Konsistenz hat. Der weitere Effekt ist durch die Xylanase, eine bestimmte Hemicellulase, bedingt. Dieses Enzym baut Hemicellulose ab, ein Kohlehydratmolekül, das in den pflanzlichen Zellwänden als Stützstruktur vorkommt. In Zusammenwirkung mit der Lipase wird ein noch besserer Effekt für die Struktur des Teiges und der knusprigen Kruste erreicht.

Das dritte Enzym, eine Amylase, verhindert das Entweichen von Feuchtigkeit aus dem Brot, ohne dass es «gummig» oder «altbacken» wird, es sorgt also für eine längere Haltbarkeit. Dies geschieht dadurch, dass hochmolekulare Stärkemoleküle zu kleineren Molekülen, den Dextrinen, abgebaut werden. Amylasen fanden schon sehr früh in der Backwarenherstellung ihre Anwendung, sie sind in Malzextrakt enthalten.

Was sind die natürlichen Quellen dieser Enzyme? In der Regel werden die Gene dieser Enzyme aus Mikroorganismen, in denen sie natürlich vorkommen, isoliert und dann entweder im gleichen oder einem anderen Mikroorganismus kloniert und hergestellt. Als Beispiel für die drei angeführten Backenzyme seien die Enzyme der Firma Novo Nor-

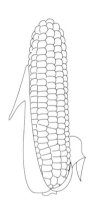

Abb. 45   Unser täglich Brot
Das Brot, eines unserer Grundnahrungsmittel. Gentech-Enzyme sind heute in vielen Ländern zugelassen, um die Brotqualität zu verbessern.

disk, Dänemark, angeführt: Lipase: Markenname Novozym 677, natürliche Quelle: Thermomyces lanuginosus, produziert im gentechnisch veränderten Aspergillus oryzae, beide Mikroorganismen sind Pilze; Xylanase: Markenname Pentopan Mono BG, natürliche Quelle Thermomyces lanuginosus, produziert im gentechnisch veränderten Aspergillus oryzae; Amylase: Markenname Novamyl, natürliche Quelle Bacillus stearothermophilus, produziert im gentechnisch veränderten Bacillus subtilis, beide Mikroorganismen sind Bakterien.

Die oben genannten gentechnisch hergestellten Enzyme sind in folgenden Ländern zugelassen: Australien, Belgien, Dänemark, Deutschland, Finnland, Grossbritannien, Indien, Israel, Italien, Japan, Neuseeland, Niederlande, Norwegen, Schweden, USA. Teilweise zugelassen oder zur Zulassung beantragt: Brasilien, Kanada, Polen, Russland, Schweiz, Spanien, Ukraine (s. Abb. 45).

VI.1.3 Gentech-Enzyme als Waschmittelzusatz

Wir verlassen nun den Lebensmittelbereich und wenden uns anderen Anwendungen der gentech-Enzyme im täglichen Leben zu.

Die Waschmittelbranche war eigentlich die erste, die in Massenproduktion gentechnisch hergestellte Enzyme produziert und verwendet hat. Hier werden sozusagen alle Sorten benutzt: Amylasen, um Kohlehydratreste zu beseitigen, Lipasen gegen Fettflecken, Proteasen gegen Eiweissreste wie getrocknetes Blut. Nicht nur in der Waschmaschine zum Wäschewaschen, auch in der Geschirrspülmaschine finden diese Enzyme ihre Anwendung. Dies hat in der Entwicklung dazu geführt, dass die Waschtemperaturen gesenkt werden konnten. Zum einen, weil die Enzyme die Arbeit verrichten, die sonst durch eine hohe Temperatur erreicht wird. Zum anderen aber auch, weil Enzyme bei niedrigeren Temperaturen ihr «Wirkungsoptimum» haben, d.h. sie arbeiten bei diesen relativ niederen Temperaturen am effizientesten. Diese Wirkung zieht natürlich Stromersparnis nach sich. Ebenso kann durch den Zusatz der Enzyme die Menge an Tensiden, den seifigen Anteilen der Waschmittel, gesenkt werden. Das führt zu einer Umweltentlastung. Die Anwendung von Cellulasen in den Waschmitteln sind die «Pfleger» von Gewebe. Die kleinen Fusseln und Knötchen, die nach häufigem Tragen und Waschen auf Pullis entstehen, sind im Prinzip winzige Brüche der Fasern an der Oberfläche des Gewebes. Feine Fäden stehen vom Gewebe ab, sie verfangen sich untereinander oder Dreck verfängt sich in ihnen und wird nicht durch Waschen beseitigt. Cellulasen «verdauen» diese Überstände ab. So wird das Gewebe geglättet. Cellulasen sind auch die Enzyme, die für die Farbschonung während der Wäsche eingesetzt werden.

VI.1.4 Gentech-Enzyme und Jeans

DeniLite, eine gentechnisch hergestellte Laccase, die ihre Aktivitäten im Ligninabbau hat, kann das, was sonst die Bimssteine erledigen mussten: das Auswaschen und Abreiben von Bluejeans für den begehrten stone-washed Look.

Eigentlich wurde das DeniLite von der Firma Novo Nordisk zum Bleichen von Indigo-gefärbten Jeans entwickelt. Aber in der Anwendung zeigte sich, dass die jeweilige Dosierung des Enzyms verschiedene Effekte hervorrufen kann: bei niedriger Dosierung sieht die Jeans am Ende nicht gebleicht, sondern schon ein wenig abgetragen aus. Des-

Abb. 46   …put my Jeans on
Spezielle Gentech-Enzyme werden zum Bleichen und zum «stone-washed-look» von den Hosen, die die Welt eroberten, benutzt.

wegen wird die neue Anwendungsart auch als «Abriebverstärkung» bezeichnet. Gentech-Cellulasen verleihen den Jeans schon seit längerem den so beliebten stone-washed look, will man jedoch einen ganz ausgeprägten Abriebeffekt, wurde in der Regel kombiniert: Cellulase plus Bimsstein (s. Abb. 46).

Das ist nun anders. Nach der Cellulase-Behandlung werden die Jeans nicht mehr in den grossen Waschtrommeln mit Bims gewaschen, sondern einer DeniLite-Bleiche unterzogen.

Dies hat auch Auswirkungen auf die Umwelt: Die Entsorgung des anfallenden Bimsschlamms entfällt. Ein Denimveredler, der eine Wochenration von 100 000 Kleidungsstücken behandelt, produziert mit Bims nämlich so ganz nebenbei 18 Tonnen Bimsschlamm! Wird nun der Bims durch die Gentech-Enzyme ersetzt, fällt diese Umweltbelastung nicht mehr an.

Nicht nur Denim-Gewebe wird mit gentechnisch hergestellten Enzymen veredelt, auch andere Baumwollgewebe und Wolle werden mit diesen Enzymen, besonders Proteasen, behandelt.

VI.1.5 Gentech-Enzyme in Leder- und Papierverarbeitung

Enzymarten, die in der Leder- und Papierverarbeitung ihre Anwendung finden, sind Amylasen, Lipasen, Proteasen und Xylanasen.

Das Enthaaren der Tierfelle im ersten Schritt der Lederverarbeitung wird durch Proteasen unterstützt. Dieser enzymatische Schritt in der Lederverarbeitung reduziert die Menge der Enthaarungschemikalien (Sulfide und Kalk) um ca. 40%. Beim Beizen der enthaarten Felle werden heute Gentech-Proteasen den Proteasen aus den Bauchspeicheldrüsen von Schlachtvieh vorgezogen. Dies unter anderem auch deswegen, weil die Gentech-Enzyme den Umständen der Verarbeitung, wie Temperatur oder Lösungsmittel, soweit als möglich angepasst sind.

Im weiteren Schritt der Lederverarbeitung, dem Entfetten der Häute, werden Lipasen benutzt. Sie geben dem Leder einheitliche Farbe und Konsistenz und erleichtern die Herstellung von wasserabstossendem Leder. Das Angebot der Gentech-Enzyme in dieser Branche ist bereits so differenziert, dass Gerbereien diejenigen Enzyme auswählen können, die ihren Arbeitsbedingungen und Produktanforderungen am besten entgegenkommen. Durch die Einsparung von Sulfiden, Kalk und giftigen Chromsalzen wird die Belastung in Abwässern und Deponien vermindert.

Zellstoff, eine Form der Zellulose, ist der Ausgangsstoff zur Papierherstellung. Um diesen Ausgangsstoff zu gewinnen, muss das dafür benutzte Holz entweder chemisch oder enzymatisch so behandelt werden, dass man die Zellulose und damit auch den Zellstoff vom übrigen Rest abtrennen kann.

In der Papierverarbeitung sind es enzymatisch in erster Linie die gentechnisch hergestellten Xylanasen, die im Prozess der Trennung von Lignin und Zellulose sowie als Vorbereitung für das Papierbleichen eingesetzt werden. Man ist ja seit einiger Zeit bestrebt, Papier entweder völlig chlorfrei mit Wasserstoffperoxid zu bleichen oder die umweltmässig aggressive Chlorbleiche zu minimieren. Xylanasen entfernen in einem Verarbeitungsschritt zur Papierherstellung das Xylan enzymatisch von der Oberfläche und den Fasern der Zellulose. Das Xylan ist eine Art von Hemicellulose, die in Pflanzen eine Stützstruktur aus verholzter Zellulose, der Lignozellulose bildet. Seine Entfernung, konventionell nur mit starken Säuren oder Basen oder mit hoher Temperatur und hohem Druck zu erreichen, wird enzymatisch wesentlich umweltschonender durchgeführt. Die anschliessende Blei-

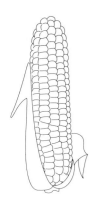

che hat bisher durch die enzymatische Vorbereitung ca. 20% der benutzten Chemikalien eingespart.

VII Gentechnik und der Blick in die Vergangenheit: molekulare Archäologie

Nicht nur bei heute lebenden Menschen können durch den DNA-Fingerprint oder die Anwendung der PCR-Methode Verwandtschaftsbeziehungen geklärt werden. Unsere Fragen, woher wir stammen und mit welchem Urahn in grauer Vorzeit wir verwandt sind, kann vielleicht eines Tages schlüssig geklärt werden. In die molekulare Archäologie hat mit der Anwendung der PCR auch das Zeitalter der Gentechnik Einzug gehalten. Wir alle waren ja fasziniert, als der Similaun-Mann oder, etwas salopp ausgedrückt, Oetzi, vom Eis des Similaun-Gletschers freigegeben wurde. Neben vielen anderen Untersuchungen, die seine Lebens- und Essgewohnheiten betrafen, wurde auch seine DNA untersucht. Die Forscher der Arbeitsgruppe um Prof. Pääbö in München amplifizierten isolierte Teile der mitochondrialen DNA (siehe Kasten) des Similaun-Mannes und identifizierten ihn anhand der DNA-Vergleiche als typischen Bewohner Europas, der nördlich der Alpen wohnte. Am nächsten verwandt ist er aufgrund vergleichender DNA-Sequenzanalysen mit den Bewohnern der alpinen Region.

Noch spannender war die Analyse wirklich uralter DNA: die DNA des «ersten» Neandertalers, nämlich des Mannes, der im Neandertal im Jahre 1856 gefunden wurde. Seit Jahren geht die Kontroverse darum, ob dieser Neandertaler eine ausgestorbene Linie des Menschen darstellt oder ein Urahne von uns sein könnte (s. Abb. 47). Die ersten Analysen deuten dahin, dass es sich um eine inzwischen ausgestorbene «Sackgasse» der menschlichen Entwicklung handelt. Wohl aber sind weitere Experimente und Untersuchungen nötig und auch geplant. Auch diese DNA-Untersuchungen wurden von dem Münchner Labor ausgeführt. Wie kann man sich vorstellen, dass in einem so alten Knochenstück noch DNA zu finden, zu isolieren und zu vermehren ist?

Wie bereits erwähnt, handelt es sich bei den Untersuchungen sowohl von Oetzi wie auch dem Neandertaler um die mitochondriale DNA.

Aber über derart lange Zeitintervalle der Konservierung hinweg, wie es bei dem Neandertaler der Fall ist (30 000–100 000 Jahre alt), konnten

Mitochondrien sind kleine Zellorgane, die in jeder unserer Zellen vorkommen. Sie sind für die Zellatmung zuständig und besitzen eine eigene DNA, die gewöhnlich, ähnlich wie bei einem Bakterium, ringförmig vorliegt. Sie eignet sich besonders gut für die Vergleiche von Populationen und das Studium der Evolution, da sie unabhängig von der genomischen DNA nur von der mütterlichen Seite über die Eizelle weitervererbt wird. Sie liegt in vielen Kopien pro Zelle vor (500–1000) und bleibt über die langen Zeiträume besser vor Zerfall und Abbau geschützt wie die genomische DNA im Zellkern.

trotz allen Expertentums nur ca. 50 Kopien von mtDNA mit einer Länge von höchstens 100 Basenpaaren isoliert und amplifiziert werden. Im Vergleich seiner mitochondrialen DNA mit den heutigen Europäern zeigte sich dann, dass eine durchgehende Verwandtschaft wohl eher auszuschliessen ist, sofern Untersuchungen an anderen Exemplaren des Neandertalers nicht wesentliche Korrekturen dieses Ergebnisses erbringen.

Vielleicht gibt es noch weitere Überraschungen wie bei der Untersuchung 7000 Jahre alter Moormumien in Florida. Dort hat man aufgrund des guten Zustandes der Mumien mitochondriale DNA aus dem Hirn isolieren und durch PCR vermehren können. Diese DNA wurde nachfolgend sequenziert. Sie wies nach den Sequenzvergleichen so unerwartet wenig Verwandtschaft mit den heutigen Ureinwohnern Amerikas auf, dass man weitere Arbeiten in diesem Gebiet in Angriff genommen hat, um ein vollständigeres Bild der genealogischen Geschichte der Ureinwohner Amerikas zu erhalten, das aufgrund molekularer Erkenntnisse vielleicht zu neuen Theorien der menschlichen Besiedlung Amerikas führt.

Aber nicht nur die menschlichen Verwandtschaftsbeziehungen sind von Interesse, auch in der Tier- und Pflanzenwelt sind die molekularen Forschungen im Gange. Günstig war die Bearbeitung von DNA, die aus «tiefgefrorenen» Mammuts aus den ewigen Eiswüsten Sibiriens isoliert wurde. Verschiedene Exemplare, im Alter zwischen schätzungsweise 50 000 bis 40 000 und 10 000 Jahren, die im Eis bestens konserviert wurden, lieferten DNA-Fragmente bis zu einer Länge von 93 Basenpaaren. Die Analyse ergab eine recht enge Verwandtschaftsbeziehung zwischen den ausgestorbenen Mammutarten und den heute noch lebenden Elefanten, die Verwandtschaft mit Huftieren wie Kuh oder Pferd wies einen deutlich entfernteren Grad auf (s. Abb. 48). Interessanterweise

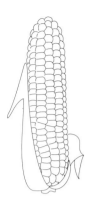

Abb. 47   Blick in die Vergangenheit
Nicht nur Täterschafts- und Vaterschaftstest in der heutigen Zeit, sondern auch die even-
tuelle Verwandtschaftsbeziehung zum Neandertaler aus der Urzeit lässt sich mit gentechnischen Methoden klären.

aber waren die Mammutarten untereinander weniger miteinander verwandt als heute der afrikanische mit dem indischen Elefanten.

Es liessen sich in dem Gebiet der molekularen Archäologie noch viele Beispiele anführen, wie es auch in den anderen Anwendungsgebieten immer nur zu einer Auswahl der dargestellten Materie gekommen ist. Aber dennoch wird dem Leser, so hoffe ich, der breite Fächer der Anwendungen der Gentechnik deutlich geworden sein. Längst ist diese Wisssenschaft aus dem Elfenbeinturm heraus zu einer in unser Leben integrierten praxisbezogenen Anwendung geworden.

Und vielleicht hat die Lektüre des Buches dazu beigetragen, einen gewissen Einblick in die Materie der Gentechnik zu vermitteln und die Information zu liefern, dass eine sachbezogene, verantwortungsvolle Diskussion um diese Technologie stattfindet, denn die Verantwortung im Handeln liegt allein beim Menschen.

VlII Gentechnik: Sicherheit, Technikfolgen-abschätzung, Gesetze, Richtlinien und Ethik

Gentechnik, ihre Forschung und ihre Anwendung bewegen sich nicht in einem rechtsfreien Raum, sondern sind durch verschiedene Gesetze, Richtlinien und Verordnungen international geregelt.

Die ersten, die die Notwendigkeit von Richtlinien für diese Technik erkannten, waren die Forscher selber. Bei der Konferenz von Asilomar (1975) in Kalifornien diskutierten amerikanische Forscher über die Fragen von Sicherheit und Ethik, die sich im Umgang mit Gentechnik ergeben. Diese damals beschlossenen Richtlinien wurden weiterentwickelt und erstmals 1976 als NIH (National Institute of Health) Richtlinien bekannt. Diese Richtlinien beinhalten unter anderem Bestimmungen für das sichere Arbeiten mit gentechnisch veränderten Organismen. In diesen Bestimmungen werden die Experimente je nach ihrer möglichen Gefährlichkeit in vier Risikoklassen eingeteilt, und es werden entsprechende Sicherheitsmassnahmen verlangt, die von der normalen Laborpraxis der Molekularbiologie (niedrigste Gefahrenstufe) bis hin zu Arbeiten in speziellen Hochsicherheitslabors fiir die höchste Risikoklasse reichen.

Die vom NIH herausgegebenen Richtlinien wurden von vielen Industrieländern übernommen. Der Rat der europäischen Gemeinschaften

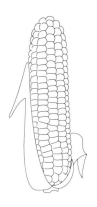

Abb. 48   Aus dem sibirischen Eis
Ob Neandertaler oder Mammut: Die Ergebnisse der molekularen Reise in die Vergangenheit sind spannend.

hat ausserdem noch zwei spezielle Richtlinien zur Gentechnik erlassen, die von den EU-Mitgliedstaaten in nationales Recht umgesetzt werden mussten. Die Schweiz, die der EU nicht angehört, hat in ihrer Bundesverfassung (Art. 24 Novies) den Verfassungsartikel zur Fortpflanzungs- und Gentechnologie zum Schutz von Mensch und Umwelt vor Missbräuchen erlassen. Weiter ist in der Schweiz die Anwendung der Gentechnologie und gentechnisch veränderter Organismen durch verschiedene Gesetze und Verordnungen geregelt.

Von der EU sind Schutzziele im Umgang mit biologischen Agenzien als Richtlinien herausgegeben worden. Diese betreffen die Arbeitssicherheit (Arbeitnehmerschutz), die Umweltsicherheit (Umweltschutz) sowie die Produktesicherheit (Verbraucherschutz). Diese sind unter anderem in folgenden Richtlinien festgelegt:

– Richtlinie des Rates über die Anwendung genetisch veränderter Mikroorganismen in geschlossenen Systemen vom 23.4.1990 (90/219/EWG, Amtsblatt der EU, Nr. L117/1 vom 8.5.1990)
– Richtlinie des Rates über die absichtliche Freisetzung genetisch veränderter Organismen in die Umwelt vom 23.4.1990 (90/220/EWG, Amtsblatt der EU Nr. L117/15 vom 8.5.1990)
– Richtlinie des Rates über den Schutz der Arbeitnehmer gegen Gefährdung durch biologische Arbeitsstoffe bei der Arbeit vom 26.11.1990 (90/679/EWG, Amtsblatt der EU Nr. L374/1 vom 31.12.1990)
– Richtlinie 93/88/EWG des Rates vom 12.10.1993 zur Änderung der Richtlinie 90/679/EWG, Amtsblatt der EU Nr. L268/71 vom 29.10.1993

Neben der Sicherheit im Umgang mit gentechnisch veränderten Organismen sind zur Beurteilung der Langzeitwirkung der Anwendung der Gentechnik die sogenannten Technikfolgeabschätzungsprogramme ins Leben gerufen worden. Zum Beispiel ist in der Pflanzenzüchtung die Gentechnik als Züchtungsmethode eine Herausforderung.

Ziel einer Technikfolgeabschätzung in dieser Sparte ist es, die jeweiligen gentechnischen Strategien zur Züchtung transgener Pflanzen kritisch zu beurteilen, ihren Beitrag zur Landwirtschaft und die Verträglichkeit mit der Umwelt zu überprüfen. Eine andere Form der Technikbeurteilung betrifft die geschlossenen Systeme.

Einen weiteren breiten Raum in der Diskussion um die Gentechnik nimmt die ethisch-soziale Verantwortung ein. Welche Grenzen einer

erlaubten gentechnischen Veränderung der aussermenschlichen Natur haben wir zu beachten? Eine andere Frage könnte sein, ob viele Gesunde das Recht haben, wenigen Kranken die Chance auf Behandlung ihrer Krankheit zu nehmen, wenn wir die Gentechnik verbieten würden?

Dieses Thema ist ein wichtiger Punkt in der Diskussion um die Gentechnik und ihre Grenzen. Es gibt dazu ausführliche Literatur, die im Literaturverzeichnis aufgeführt ist, da eine detaillierte Bearbeitung dieses Themas den Rahmen dieses Buches sicher sprengen würde. Uns allen aber sollte klar sein, dass die Verantwortung für unser Tun nicht in einer Technik sondern in unserem menschlichen Handeln liegt.

Literatur

Für die Vertiefung des Wissens im Theorieteil

Glick B.R. und Pasternak J.J. (1995) Molekulare Biotechnologie. Spektrum Akademischer Verlag Heidelberg, Berlin, Oxford

Ibelgaufts H. (1990) Gentechnologie von A bis Z. Studienausgabe. Verlag Chemie

Klee H., Horsch R. and Rogers S. (1987) Agrobacterium-mediated plant transformation and its further applications to plant biology. Annu. Rev. Physiol. 38: 467–486

Knippers R. (1995) Molekulare Genetik. Thieme Verlag Stuttgart, New York

Lewin B. (1995) Genes V. Oxford University Press Oxford, New York, Tokyo

Schellekens H. u.a. (1994) Ingenieure des Lebens. DNA Moleküle und Gentechniker. Spektrum Akademischer Verlag Heidelberg, Berlin, Oxford

Winnacker E.-L. (1990) Gene und Klone. Eine Einführung in die Gentechnologie. Verlag Chemie

Originalliteratur für den Praxisteil

Kapitel IV.1

Cohen S.N., Chang A.C., Boyer H.W. and Helling R.B. (1973) Construction of biologically functional bacterial plasmids in vitro. Proc. Natl. Acad. Sci. USA 70: 3240-3244

Kapitel IV.2

Chee M., Yang R., Hubbell E., Berno A., Huang X.C., Stern D., Winkler I.J., Lockhardt D.J., Morris M.S. and Fodor S.P.(1996) Accessing genetic information with high density DNA arrays. Science 274: 610–614

Davis J.M., Arakawa T., Strickland T.W. and Yphantis D.A. (1987) Characterization of recombinant human erythropoietin produced in chinese hamster ovary cells. Biochemistry 26: 2633–2638

Kozal M.J., Shah N., Shen N., Yang R., Fucini R., Merigan T.C., Richman D.D., Morris D., Hubbell E., Chee M. and Gingeras T.R. (1996) Extensive polymorphisms observed in HIV-1 clade B protease gene using high-density oligonucleotide arrays. Nat. Med. 2: 753–759

Moyle G. and Gazzard B. (1996) Current knowledge and future prospects for the use of HIV protease inhibitors. Drugs 51:701–712

Mullis K.B. (1990) Eine Nachtfahrt und die Polymerase-Kettenreaktion. Spektrum der Wissenschaft 6: 60–67

PCR: Roche Magazine Nr. 40. Dezember 1991, 2–17

Taniguchi T., Fujii-Kuriyama Y. and Muramatsu M. (1980) Molecular cloning of human interferon cDNA. Proc. Natl. Acad. Sci. USA 77: 4003–4006

Winslow D.L. and Otto M.J. (1995) HIV protease inhibitors. AIDS. 9 Suppl. A: S183–192

Kapitel IV.2.6

Ideker T., Thorsson V., Ranish J.A., Christmas R., Buhler J., Eng J.K., Bumgarner R., Goodlett D.R., Aebersold R. and Hood L. (2001) Integrated Genomic and Proteomic Analyses of a Systematically Perturbed Meatabolic Network. Science 292: 929–934

Kitano H. (2002) Systems Biology: A Brief Overview. Science 295: 1662–1664

Plavec I., Sirenko O., Privat S., Wang Y., Dajee M., Melrose J., Nakao B., Hytopoulos E., Berg E.L. and Butcher E.C. (2004) Method for analyzing signaling networks in complex cellular systems. Proceedings of the National Academy of Sciences of the USA 101: 1223–1228

Kapitel IV.2.7

Brown K. (2000) The Human Genome Business Today. Scientific American 283: 50–55

Gardner M.J. et al. (2002) Genome sequence of the human malaria parasite Plasmodium falciparum. Nature 419: 498–511

International Human Genome Consortium. (2001) Initial sequencing and analysis of the human genome. Narure 409: 860–921

Knight J. (2002) All genomes great and small. Nature 417: 374–376

Little P. (1999) The book of genes. Nature 402: 467–468

Mouse Genome Sequencing Consortium. (2002) Initial sequencing and comparative analysis of the mouse genome. Nature 420: 520–562

Rat Genome Sequencing Project Consortium. (2004) Genome sequence of the Brown Norwegian rat yields insights into mammalian evolution. Nature 428: 493–521

Venter C.J. et al. (2001) The sequence of the human genome. Science 291: 1304–1350

Kapitel IV.3

Aebischer, P. et al. (1996) Intrathecal delivery of CNTF using encapsulated genetically modified xenogeneic cells in amyotrophic lateral sclerosis patients. Nat. Med. 2: 696-699

Baguisi, A. et al. (1999) Production of goats by somatic cell nuclear transfer. Nature Biotechnology 17: 456-461

Cozzi, E. and White, D.G.J. (1995) The generation of transgenic pigs as potential organ donors for humans. Nature Med. 1: 964-966

Hüsing, B., Engels, E.-M., Frick,T., Menrad, K. und Reiss, T. (1998) Technologiefolgenabschätzung Xenotransplantation. TA-Publikation Schweizerischer Wissenschaftsrat 30/1998

Jaenisch, R. (1988) Transgenic animals. Science 240: 1468–1474

Kägi, D., Ledermann B., Bürki K., Seiler P., Odermatt B., Olsen K.J., Podack E.R., Zinkernagel R.M. and Hengartner H. (1994) Cytotoxicity mediated by T-cells and natural killer cells is greatly impaired in perforin deficient mice. Nature 369: 31–37

Kägi, D., Odermatt, B. Ohashi, P.S., Zinkernagel, R.M. and Hengartner H. (1996) Development of insulitis without Diabetes in transgenic mice lacking perforin-dependent cytotoxicity. J. Exp. Med. 183: 2143–2152

United Network for Organ Sharing (UNOS) (1998) Annual Report of the US Scientific Registry of Transplantrecipients and the Organ Procurement and Transplantation Network. Department of Health and Human Services.

Wallwork, J. (1997) Current status of xenotransplantation. Int. J. of Card. 62 Suppl. 1: S37-S38

White, D.G.J., Langford, G.A., Cozzi, E. and Young, V.J. (1995) Production of pigs transgenic for human DAF. A strategy for transplantation. Xenotransplantation 2: 213-217

Wilmut, I., Schnieke, A.E., McWhir, J., Kind, A.J. and Campbell, K.H.S. (1997) Viable offspring derived from fetal and adult mammalian cells. Nature 385: 610-613

Kapitel IV.4

Cavazzana-Calvo M., Thrasher A. and Mavilio F. (2004) The future of gene therapy. Nature 427: 779–781

Gene therapy, therapeutic strategies and commercial prospects. (1993) Special Issue. Trends in Biotechnology (TIBTECH) 11: 155–215

Mulligan R.C. (1993) The basic science of gene therapy. Science 260: 926–932

Nabel G.J. (2004) Genetic, cellular and immune approaches to disease therapy: past and future. Nature Medicine 10: 135–141

Verma I.M. (1991) Gentherapie. Spektrum der Wissenschaft 1: 48–57

Kapitel IV.4.1

Nature Insight (2004) RNA interference. Nature 431: 337–378

Kapitel IV.4.2

Aufderaar U., Holzgreve W., Danzer E., Tichelli A., Troeger C. and Surbek D.V. (2003) The impact of intrapartum factors on umbilical cord blood stem cell banking. J Pernat Med 31: 317–322

Luther-Wyrsch A., Costello E., Thali M., Buetti E., Nissen C., Surbek D., Holzgreve W., Gratwohl A., Tichelli A. and Wodnar-Filipowicz A. (2001) Stable Transduction with Lentiviral Vectors and Amplification of Immature Hematopoietic Progenitors from Cord Blood of Preterm Human Fetuses. Human Gene Therapy 12: 377–389

Nature Insight. (2001) Stem Cells. Nature 414: 87–131

Rakic P. (2004) Immigration denied. Nature 427: 685–686

Rothstein J.D. and Snyder E.Y. (2004) Reality and immortality – neural stem cells for therapy. Nature Biotechnology 22: 283–285

Sanai N., Tramontin A.D., Quinones-Hinojosa A., Barbaro N.M., Gupta N., Kunwar S., Lawton M.T., McDermott M.W., Parsa A.T., Verdugo J.M-G., Berger M.S. and Alvarez-Buylla A. (2004) Unique astrocyte ribbon in adult human brain contains neural stem cells but lack chain migration. Nature 427: 740–744

Schreiber H.P. (2004) Biomedizin und Ethik. Birkhäuser Verlag Basel, Boston, Berlin

Surbek D.V., Schatt S. and Holzgreve W. (2001) Stem Cell Transplantation and Gene Therpy in utero. Infus Ther Transfus Med 28: 150–158

Surbek D.V., Young A., Danzer E., Schoeberlein A., Dudler L. and Holzgreve W. (2002) Ultrasound-guided stem cell sampling from the early ovine fetus from prenatal ex vivo gene therapy. Am J Obstet Gynecol 187: 960–963

Young A., Holzgreve W., Dudler L., Schoeberlein A. and Surbek D.V. (2003) Engraftment of human cord blood-derived stem cells in preimmune ovine fetuses after ultrasound-guided in utero transplantation. Am J Obstet Gynecol 189: 698–701

Kapitel V.1

Schulte, E. und Käppeli, O. (Hrsg.) (1997) Gentechnisch veränderte krankheits- und schädlingsresistente Nutzpflanzen. Bd.I und II. Schwerpunktprogramm Biotechnologie, Fachstelle BATS, Basel, Schweiz

Kapitel V.1.1

Brousseau, R. and Masson L. (1988) Bacillus thuringiensis insecticidal crystal toxins: Gene structure and mode of action. Biotechnol. Adv. 6: 697–724

Burkhardt P.K., Beyer P., Wünn J., Klöti A., Armstrong G.A., Schledz M., von Lintig I.J. and Potrykus I.(1997) Transgenic rice (Oryza sativa) endosperm expressing daffodil (Narcissus pseudonarcissus) phytoene synthase accumulates phytoene, a key intermediate of provitamin A biosynthesis. The Plant Journal 11: 1071–1078

Wünn J., Klöti A., Burkhardt P.K., Ghosh Biswas G.C., Launis K., Iglesias V.A. and Potrykus I. (1996) Transgenic Indica rice breeding line IR58 expressing a synthetic cryIA (b) gene from Bacillus thuringiensis provides effective insect pest control. Bio/Technology 14: 171–176

Kapitel V.1.2

Sheehy R., Pearson J., Brady C., and Hiatt W. (1987) Molecular characterization of tomato fruit polygalacturonase. Mol. Gen. Genet. 208: 30–36

Kapitel V.1.3

Koziel M.G., Beland G.L., Bowman C., Carozzi N.B., Crenshaw R., Crossland L., Dawson J., Desai N., Hill M., Kadwell S., Launis K., Lewis K., Maddox D.,

McPherson K., Meghiji M.R., Merlin E., Rhodes R., Warrren G.W., Wright M., and Evola S.V. (1993) Field performance of elite Maize plants expressing an insecticidal protein derived from Bacillus thuringiensis. Bio/Technology 11:194–200

Kapitel V.1.4
Padgette S.R., Kolacz K.H., Delanny X., Re D.B., LaValle B.J., Tinius C.N., Rhodes W.K., Otero Y.I., Barry G.F., Eichholtz D.A., Peschke V.M. Nida D.L., Taylor N.B. and Kishore G.M. (1995) Development, Identification and characterization of a glyphosate-tolerant soybean line. Crop Sci. 35:1451–1461
Padgette S.R., Biest Taylor N., Nida D.L., Bailey M.R., MacDonald J., Holden L.R. and Fuchs L.R. (1996) The composition of glyphosate-tolerant soybeans seeds is equivalent to that of conventional soybeans. J. Nutr. 126: 702–716

Kapitel V.2
Arabidopsis Genome Initiative. (2002) Analysis of the genome sequence of the flowering plant Arabidopsis thaliana. Nature 408: 796–815
Eastgate J.A. (2000) Erwinia amylovora: the molecular basis of fireblight disease. Molecular Plant Pathology 1(6): 325–329
Goff S.A. et al. (2002) A Draft Sequence of the Rice Genome (Oryza sativa L. ssp. japonica). Science 296: 92–100
Pons L. (2003) Short apple Trees Faster and Healthier. Agricultural Research (November): 18–19

Kapitel VI.1
Hemmer W. (1997) Foods derived from genetically modified organisms and detection methods. Schwerpunktprogramm Biotechnologie, Fachstelle BATS, Basel, Schweiz

Kapitel VI.1.1
Green M.L., Angal S., Lowe P.A. and Marston F. (1985) Cheddar cheese making with recombinant calf chymosin sythesized in E.coli. J. Dairy Res. 52: 281–286
Prokopek D., Meisel H., Frister H., Krusch U., Reuter H., Schlimme E. und Teuber M. (1988) Herstellung von Edamer und Tilsiter Käse mit gentechnologisch aus Kluyveromyces lactis gewonnenem Rinder-Chymosin. Kieler Milchw. Fors. 40: 43–52

Kapitel VI.1.4, 1.5
Glick B.R. and Pasternak J.J. (1989) Isolation, characterization and manipulation of cellulase genes. Biotechnol. Adv. 7: 361–386

Kapitel VII
Kahn P. and Gibbons A.(1997) DNA from an extinct human. (news) Science 277: 176–178
Handt O., Richards M., Trommersdorff M., Kilger C., Simanainen J., Georgiev O.,

Bauer K., Stone A., Hedges R., Schaffner W., Utermann G., Sykes B. and Pääbo S. (1994). Molecular genetic analysis of the Tyrolean Ice Man. Science 264: 1775–1778

Höss M., Handt O. and Pääbo, S. 1994. Recreating the past by PCR. In: The Polymerase Chain Reaction, Mullis K.B., Ferre F. and Gibbs R.A. (eds). Birkhäuser Publishers Boston, Basel, Berlin

Höss M., Pääbo S. and Vereshchagin N.K. (1994) Mammoth DNA Sequences. Nature 370: 333

Bücher, die Gentechnik und Ethik betreffen

Baumann, M. (1990) Patentgesetz, Biotechnologie und dritte Welt. Folia Bioethica 3 (enthält das Symposium: Patentierung von Lebewesen), Lausanne

Bodolfino, A. (1994) Mensch und Tier: Ethische Dimensionen ihres Verhältnisses. Im Auftrag der Schweizerischen Akademie der Wissenschaften, Universitätsverlag

Haker H. (1993) Ethik in den Wissenschaften No. 5. Attempto Verlag

International Ethical Guidelines for Biomedical Research, involving Human Subjects (1993) Prepared by CIOMS (Council for Intern. Org. of Med. Sciences) in collaboration with WHO, Geneva, CIOMS c/o WHO

Kastenholz H.G. (1996) Nachhaltige Entwicklung: Zukunftschancen für Mensch und Umwelt Springer Verlag Berlin, Heidelberg

Schweizerisches Nat. Kom. Justitia und Pax (Hrsg.) Gentechnik und Ethik; Dokumentation und Stellungnahme zur Genschutz-Initiative: J+P, Text, 3/979/ Arbeitsgruppe Bioethik,1997

Steigleder K. und Mieth D. (Hrsg). (1993) Ethik und Gentherapie: Zum praktischen Diskurs um die molekulare Medizin. Ethik in den Wissenschaften No. 1. 2. Auflage. Attempto Verlag

Wo erfahre ich etwas über Gentechnik, Gesetze und Reglemente?

Adressen für weitere Informationen über Bio- und Gentechnik im Internet:

Schweiz:	http://www.bioweb.ch (das Fachinformationssystem der BATS)
Deutschland:	http://www.rki.de (Robert-Koch-Institut)
Europa:	http://biosafety.ihe.be (Belgian Safety Server)
OECD:	http://www.oecd.org/ehs/service.htm
International:	http://www.icgeb.trieste.it (International Centre for Genetic Engineering and Biotechnology)

Index

Printed in the United States
By Bookmasters